Kompendium für die Dienstleistungsfachwirt-Familie

Unternehmensführung
Rechnungswesen
Controlling

von Peter Janakiew

Bibliografische Information der Deutschen Nationalbibliothek
Die Deutsche Nationalbibliothek verzeichnet diese Publikation in der Deutschen National-
bibliografie; detaillierte bibliografische Daten sind im Internet über:
http://dnb.d-nb.de abrufbar.

Impressum

© Peter Janakiew, Mannheim, 1. Auflage, 2009

Herstellung und Verlag: Books on Demand GmbH, Norderstedt

ISBN 978-3-837038-35-4

Vorwort

Während der Fernweiterbildung zum Fachwirt im Sozial- und Gesundheitswesen musste der Autor neben den Skripten seines Bildungsträgers, unzählige Bücher durcharbeiten - immer auf der Suche nach einem verständlichen Text, der das notwendige Prüfungswissen strukturiert und zusammengefasst wiedergibt.

Zwischenzeitlich gibt es einiges an Weiterbildungsliteratur für angehende Fachwirte. Diese Literatur richtet sich allerdings oft auch an die anderen IHK-Weiterbildungen zu Fachkaufleute oder Betriebswirte, was zu Abstrichen oder zu Ausschweifungen führt.

Das vorliegende Kompendium orientiert sich hingegen streng an den Inhalten und Zielsetzungen des IHK-Rahmenstoffplans (Stand 2008) für die Dienstleistungsfachwirt-Familie, d.h. es ist unter anderem für zukünftige Fachwirte im Sportbereich, im Gastgewerbe, der Tourismusbranche oder dem Sozial- und Gesundheitswesen geeignet. Die Reihenfolge der Kapitel entspricht dem IHK-Rahmenstoffplan, wurde jedoch an wenigen Stellen nach sachlogischen Prinzipien verändert oder ergänzt.

In kompakter Form gibt das Kompendium prüfungsrelevante Inhalte zum handlungsfeldübergreifenden Qualifikationsbereich "Unternehmensführung, Rechnungswesen und Controlling" wieder. Es erhebt allerdings keinen Anspruch auf Vollständigkeit und Fehlerfreiheit.

Für Verbesserungsvorschläge sowie Korrekturhinweise ist der Autor stets dankbar; Zusendung bitte an: info@janakiew.net

Für die bevorstehende Prüfung wünscht der Autor

Viel Erfolg !

Anmerkung zur Benutzung:

 Mit diesem Symbol markierte Textpassagen geben unverändert das Lernziel des IHK-Rahmenstoffplans wieder.

Inhaltsverzeichnis

I. Qualifikationsbereich Unternehmensführung

1 Unternehmensführung

1.1 Zielbildungsprozess

 Bewusstsein für die Notwendigkeit Ziele festzulegen

 Eine Unternehmensführung kann nicht ohne Vorgaben durch die Unternehmensleitung und Einbeziehung der Mitarbeiter sowie Beachtung der umweltrelevanten Rahmenbedingungen vorgenommen werden. Die Vorgaben werden durch Unternehmensziele verkörpert.

Diese Ziele, auf die sich die gesamten Maßnahmen der Unternehmensführung auszurichten haben und anhand derer die Zielerreichung des Unternehmens als wirtschaftliche Einheit beurteilt wird, sind keine von vornherein vorgegebenen und für alle Unternehmen allgemein gültigen festen Größen. Vielmehr sind sie regelmäßig das Ergebnis eines Zielbildungsprozesses, in dem die Unternehmensziele und die diversen Einflüsse berücksichtigt werden.

Unternehmensziele beschreiben demnach zukünftige Soll-Zustände, die das Unternehmen zu einem bestimmten Zeitpunkt erreichen will oder muss. Mit ihnen erhalten alle im Unternehmen tätigen Personen eine Orientierung sowie die Grundlage für ihr Handeln.

Jedes Ziel hat dabei mehrere Dimensionen:

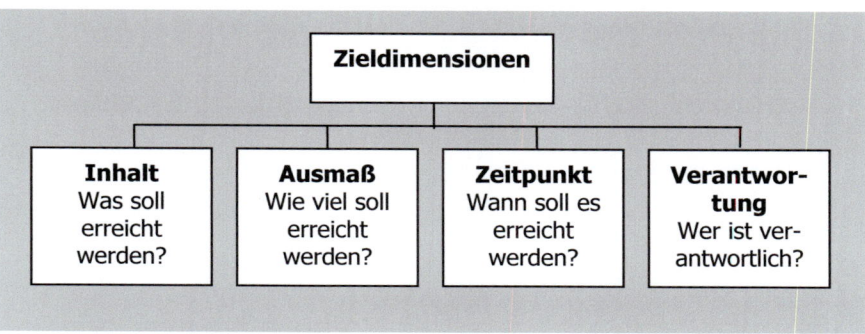

Abbildung 1: Zieldimensionen

Ziele sind nur dann sinnvoll, wenn sie für den Einzelnen verständlich und erreichbar sind. Dies bedeutet, dass sie eindeutig, konkret und nachvollziehbar formuliert werden sowie motivieren sollten, das vorgegebene Ergebnis zu erreichen. Bei der Festlegung von Zielen sind weiterhin die Ressourcen zur Zielerfüllung festzulegen und bereit zu stellen, es sind Zeitpunkte der Erfolgskontrollen zu vereinbaren und Nebenbedingungen schriftlich zu fixieren.

Die Vielzahl von Zielen kann und wird in jedem Unternehmen zu Zielkonflikten führen, die weder zu vermeiden noch vollständig zu lösen sind. Diese Tatsache ist bei der Festlegung stets zu berücksichtigen und sollte deshalb bereits während des Zielbildungsprozesses ein Untersuchungsgegenstand der Unternehmensführung sein.

Der Zielbildungsprozess stellt einen aktiven Prozess zwischen den beteiligten Personen, Gruppen und Organisationseinheiten dar, wobei die Art und Weise, wie dieser Prozess erfolgt, von dem im Unternehmen praktizierten Führungsstil und seiner hierarchischen Ordnung abhängt. Er verläuft in mehreren Stufen:

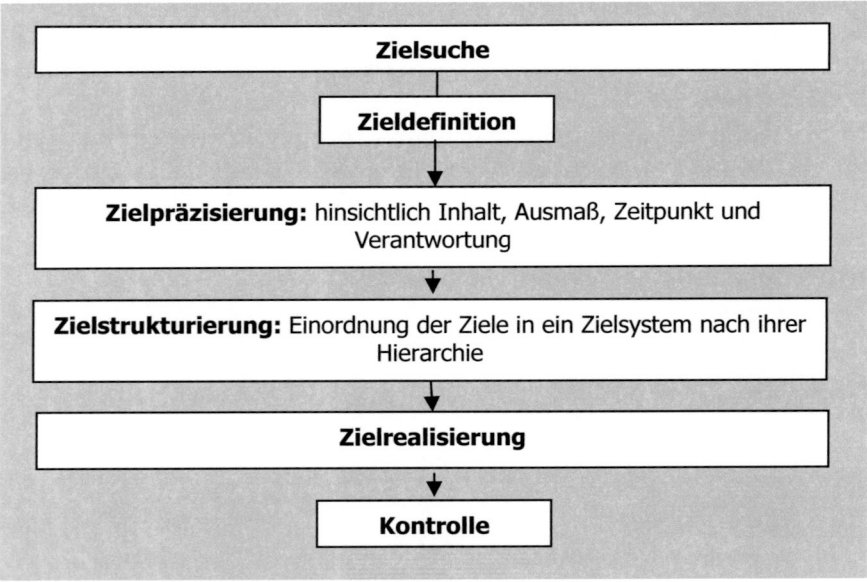

Abbildung 2: Stufen des Zielbildungsprozesses

1.1.1 Einflussfaktoren

📌 **Überblick** über mögliche Einflüsse

In der heutigen Zeit stehen Unternehmen im Spannungsfeld zwischen wirtschaftlichem Erfolg auf der einen Seite und Verantwortung gegenüber verschiedensten Interessentengruppen auf der anderen Seite.

Aufgabe der Unternehmensführung ist es daher, beim Zielbildungsprozess allen in Verbindung zum Unternehmen stehenden Gruppeninteressen soweit wie möglich gerecht zu werden und einen Ausgleich zwischen den verschiedensten Ansprüchen zu erbringen.

Die jeweiligen Interessenten-Gruppen lassen sich zu zwei Anspruchsgruppen - Shareholder und Stakeholder - zusammenfassen. Entsprechend der obersten Zielsetzung des Unternehmens wird jeweils einer der beiden Gruppen die größere Bedeutung beigemessen. In Non-Profit-Unternehmen orientiert sich der Zielbildungsprozess überwiegend an den Interessen der Stakeholder, bei den Profit-Unternehmen hingegen dominieren die Interessen der Shareholder.

☐ **Shareholder** sind die Eigentümer bzw. Anteilseigner des Unternehmens, welche mit ihrem dem Unternehmen überlassenen Kapital das Unternehmensrisiko mittragen und dafür im Gegenzug Gewinnansprüche geltend machen. Ihr Interessensanspruch orientiert sich vorrangig an der Rentabilität des Unternehmens.

☐ **Stakeholder** sind alle Interessenten-Gruppen, die im Zusammenhang mit einem Unternehmen stehen, sie schließen also auch die Shareholder mit ein. Die Stakeholder haben ein grundlegendes Interesse an der Unternehmensfortführung und betrachten das Unternehmen als ein soziokulturelles bzw. sozioökonomisches System, das unter anderem auch ethische und gesellschaftliche Verantwortung zu tragen hat. Wegen der Vielzahl der Stakeholder sollen anschließend nur drei wichtige Gruppen kurz vorgestellt werden.

* **Mitarbeiter:** Die Unternehmensführung muss den Mitarbeitern dienen und gleichzeitig ihre Interessen wahrnehmen. Zum Beispiel müssen die Arbeitsplätze gesichert und das Realeinkommen der Mitarbeiter gesteigert werden.

- **Gesellschaft:** Die Unternehmensführung muss der Gesellschaft dienen und die gesellschaftlichen Interessen berücksichtigen. Zum Beispiel muss die Unternehmensführung für die zukünftigen Generationen eine lebenswerte Umwelt sichern.

- **Kunden:** Die Unternehmensführung muss den Kunden dienen und ihre Bedürfnisse bestmöglich befriedigen. Die Unternehmensführung muss zum Beispiel versuchen, im Interesse der Kunden neue Ideen und technologischen Fortschritt in marktfähige Produkte und Dienstleistungen umzusetzen.

1.1.2 Zielarten

 Kenntnis der angestrebten Zustände, die durch Handlungen erreicht werden sollen

Bei der Unternehmensführung gibt es eine Vielzahl von Zielen, welche nach den unterschiedlichsten Merkmalen gebildet und wie folgt geordnet werden können:

- die **obersten** Ziele (Grundsatzziele)

  sind Unternehmensziele (z.B Gewinnmaximierung, Existenzsicherung), die ohne Konkurrenz zu anderen Zielen stehen und Ausgangspunkt aller anderen Ziele sind

- die **strategischen/operativen** Ziele (Zwischen- oder Unterziele)

  sind Unternehmensziele (z.B. Kundengewinnung, Expansion), die Auswirkungen auf das ganze Unternehmen haben sowie die Grundlage für Geschäftsbereichsziele sowie Funktionsbereichsziele darstellen

Die Ziele können nach ihren Inhalten weiter unterteilt werden in (die Beispiele ließen sich problemlos fortsetzen):

- **Soziale Ziele:** z.B. Arbeitsplätze schaffen, soziale Verantwortung übernehmen

- **Finanzwirtschaftliche Ziele:** z.B. Liquidität jederzeit gewährleisten

- **Erfolgswirtschaftliche Ziele:** z.B. Umsatzrentabilität steigern, Gewinne maximieren

- **Leistungsbezogene Ziele:** z.B. Erschließung neuer Märkte, Produktqualität verbessern

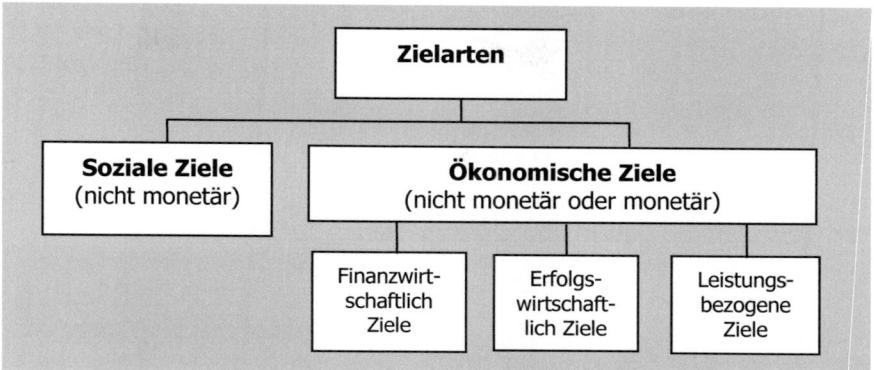

Abbildung 3: Unterteilung der Ziele nach ihrem Inhalt

1.1.3 Wechselwirkungen zwischen Zielen

Die Realisierung eines Zieles kann sich auf andere Ziele auswirken. Ob und in welcher Form es zu Wechselwirkungen kommt, muss beim Zielbildungsprozess unbedingt berücksichtigt werden.

Bei komplementären Zielen fördern sich die Ziele gegenseitig. Hingegen beeinflussen sich konkurrierende Ziele gegenseitig negativ. Wenn keinerlei Wechselwirkung besteht, dann wird von neutralen (indifferenten) Zielen gesprochen.

Die Rentabilität und die Sicherung der Liquidität sind nach ihrer Wechselwirkung ein klassisches Beispiel für konkurrierende Ziele.

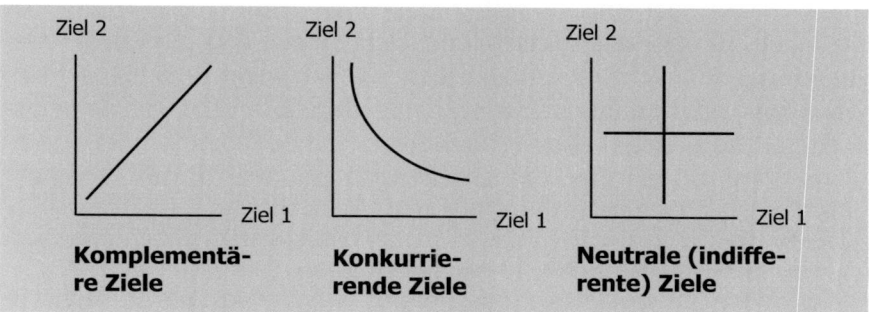

Abbildung 4: Wechselwirkungen zwischen Zielen

1.1.4 Zielfunktion

> 📌 **Kenntnis** der Vorraussetzungen, damit Ziele erreichbar werden

In der Zielfunktion wird die grundlegende Ausrichtung, das oberste Wirtschaftsprinzip eines Unternehmens ausgedrückt. Die Zielfunktion stellt die Gesamtheit aller strategischen sowie operativen Einzelziele, die von den obersten Unternehmenszielen abgeleitet sind und nach welchen sich die gesamte Unternehmenspolitik richtet, dar. Ein anderer Ausdruck für Zielfunktion ist daher auch Zielsystem.

Die Zielfunktion beinhaltet folgende Elemente:

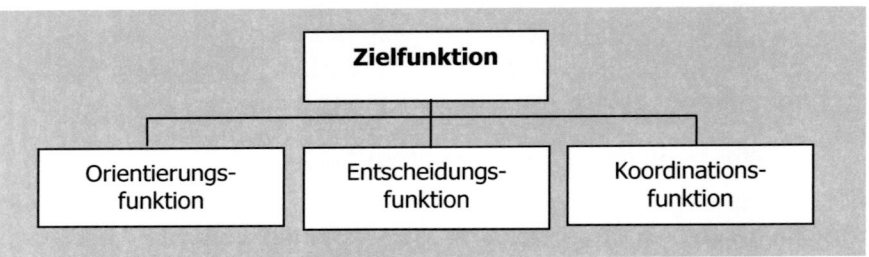

Abbildung 5: Elemente der Zielfunktion

Je nach dem, welches oberste Ziel die Unternehmensleitung festgelegt hat, werden in der betriebswirtschaftlichen Unternehmensführung folgende Wirtschaftsprinzipien verfolgt:

☐ Erwerbswirtschaftliches Prinzip

Hier wird die betriebswirtschaftliche Bedeutung aller Zielvorstellungen (zum Beispiel ethische sowie soziale) anerkannt, das bestimmende Prinzip ist aber das Wirtschaftlichkeitsprinzip, d.h. die Gewinnmaximierung. Die nicht-monetären Ziele können nicht erreicht werden, wenn die Unternehmensführung dieses Prinzip missachtet. Erwerbswirtschaftliche Unternehmen orientieren sich vor allem an der Rentabilität ihrer Güter oder Dienstleistungen, da diese unter anderem entscheidend für das Fortbestehen des Unternehmens ist.

☐ Gemeinwirtschaftliches Prinzip

Hier werden als oberstes Prinzip ethische Normen wie Menschlichkeit, Ehrlichkeit und andere Tugenden in den Vordergrund gestellt. Die Bedeutung des erwerbswirtschaftlichen Prinzips wird dabei durchaus anerkannt, doch es wird sozialen Prinzipien untergeordnet.

Gemeinwirtschaftliche Unternehmen sind deshalb in der Regel öffentlich orientierte Unternehmen, die zu angemessenen Preisen einen Bedarf an Gütern oder Dienstleistungen decken, die sonst nur zu hohen Preisen produzierbar sind und an deren Produktion deshalb kein Privatinteresse besteht, oder deren Produktion man nicht Privaten überlassen will.

 Genossenschaftliches Prinzip

Hier werden als oberstes Prinzip die Selbsthilfe der Mitglieder durch gegenseitige Förderung sowie die Befriedigung der Bedürfnisse der Mitglieder in den Vordergrund gestellt. Wie beim gemeinwirtschaftlichen Prinzip werden wirtschaftliche Aspekte diesem Prinzip untergeordnet. Genossenschaften sind deshalb gemeinschaftliche Unternehmen, die zu angemessenen Preisen ihre Güter oder Dienstleistungen vorzugsweise an die Genossenschaftsmitglieder veräußern.

1.2 Leitbild

1.2.1 Leitbild als Orientierungshilfe

🔖 **Fähigkeit** zur Entwicklung von Aktivitäten

Unternehmensleitbilder definieren möglichst knapp und klar das Selbstverständnis, die oberste Zielsetzung des Unternehmens, sie liefern eine Orientierungsfunktion für alle Mitarbeiter und geben die Richtung der Unternehmensentwicklung vor – sie sind sozusagen die Verfassung eines Unternehmens. Aus diesem Grund werden in der heutigen Zeit Unternehmensleitbilder zunehmend als wichtiges und zeitgemäßes Führungsinstrument wahrgenommen.

Dieses Führungsinstrument soll nicht nur den Führungsstil, sondern die Gesamtheit der Führungskultur in einem Unternehmen prägen. In Zeiten des Wandels wollen Mitarbeiter sich aktiv an Veränderungsprozessen beteiligen, sie wollen eine moderne, motivierende Führungskultur erleben. Auf der anderen Seite benötigen die Führungskräfte eine Legitimation ihrer Aufgaben und ihrer Verantwortung sowie eine Orientierung für ihr Handeln.

Im komplexen modernen Wirtschaftsleben schaffen Unternehmens-leitbilder also intern Orientierung und Identität. Extern vermitteln sie Transparenz und signalisieren die Bereitschaft zur Übernahme gesell-schaftlicher Verantwortung.

Sicherlich lassen sich anhand von Leitbildern noch viele weitere Fra-gen zu einem Unternehmen beantworten bzw. Aufgaben definieren. Die drei wichtigsten Funktionen eines Leitbildes sind in der anschlie-ßenden Abbildung zusammengefasst dargestellt.

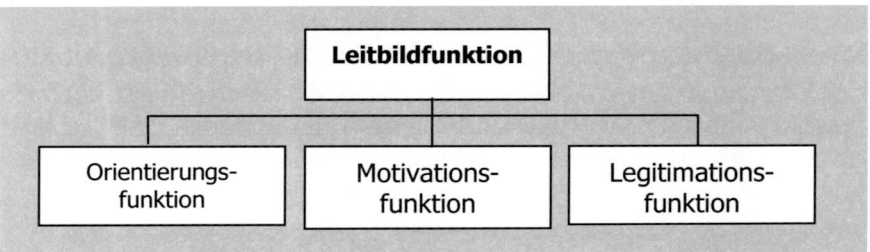

Abbildung 6: Leitbildfunktion

Die Planungsphase ist für die spätere Akzeptanz und somit für die Umsetzung durch die Mitarbeiter die entscheidende Phase im Prozess der Schaffung eines Leitbildes. Wichtig ist vor allem die Einbeziehung aller Interessenten-Gruppen, um eine ausreichende Realitätsnähe des Leitbildes zu erreichen und gleichzeitig die Identifikation aller Mitar-beiter mit dem Leitbild zu ermöglichen.

Die Entwicklung und die Umsetzung eines Unternehmensleitbildes gehört zu den grundlegenden strategischen Entscheidungen, da hier Vision und Werte eines Unternehmens klar und für alle verbindlich formuliert werden. Daher ist insbesondere das kontinuierliche Enga-gement des Top-Managements von entscheidender Bedeutung. Ein klares Signal von der Unternehmensführung ist notwendig, um das Projekt „Unternehmensleitbild" nachhaltig und effektiv im Unter-nehmen zu positionieren und zu etablieren.

Die Erarbeitung des Leitbildes sollte jedoch gleichzeitig von unten nach oben (**Bottom up**) sowie von oben nach unten (**Top down**) er-folgen. Nur so kann eine Identifikation aller Mitarbeiter mit den In-halten des Leitbildes erzielt werden.

1.2.2 Unternehmensphilosophie

Neben dem Unternehmensleitbild ist die Unternehmensphilosophie ein wichtiger Bestandteil eines Unternehmens und besteht unter anderem aus den festgelegten Führungsgrundsätzen sowie den Einstellungen der Unternehmensführung gegenüber den Stakeholdern. Sie gibt die Wunschvorstellung wieder, nach welchen sozialen Grundsätzen die Ziele des Unternehmens erreicht werden sollen.

Die Unternehmensphilosophie ist nicht losgelöst von der Umwelt des Unternehmens, sondern wird von ihr wesentlich geprägt. Zudem prägen weitere Aspekte die ethischen Grundsätze des Unternehmens - vergleiche nachfolgende Abbildung.

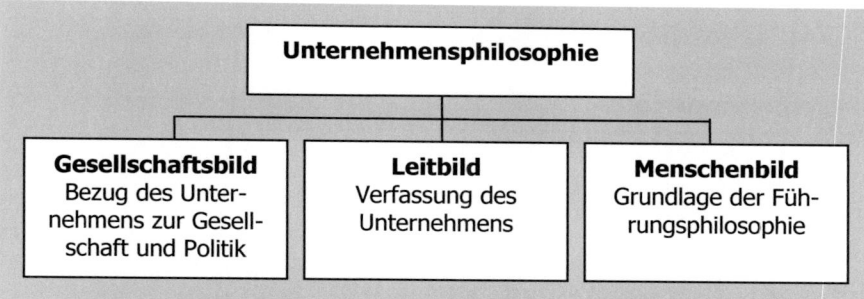

Abbildung 7: Komponenten der Unternehmensphilosophie

Von der Unternehmensphilosophie werden alle Bereiche eines Unternehmens beeinflusst. Es werden nicht nur die Anforderungen an die Mitarbeiter und ihre Kernkompetenzen, sondern unter anderem auch die Unternehmensstrategien sowie die Führungskultur im Unternehmen maßgeblich von der Unternehmensphilosophie beeinflusst. Daneben hat ein Unternehmen eine soziale Verantwortung gegenüber der Gesellschaft zu tragen, die sich unterschiedlich in der Unternehmensphilosophie widerspiegeln kann.

1.2.3 Unternehmenskultur

Der Begriff "Unternehmenskultur" als Bestandteil der Unternehmensphilosophie ist bis heute nicht eindeutig und abschließend definiert.

Mit Unternehmenskultur wird meistens die Summe der Vorstellungen, Werte, Denk- und Verhaltensmuster bezeichnet, die von den Mitarbeitern kollektiv verfolgt werden. Sie definiert also den Handlungsraum innerhalb des Unternehmens und grenzt ein, welche

Handlungsweisen von der Unternehmensleitung erwünscht und welche unerwünscht sind.

Innerhalb eines Unternehmens gibt es die vorstehend genannte oberste Unternehmenskultur, von der sich weitere Subkulturen - zum Beispiel die Führungskultur - ableiten.

Ähnlich einem Eisberg besteht die Unternehmenskultur aus sichtbaren und unsichtbaren Elementen. Oft stellen die sichtbaren Teile nur einen kleinen Teil des Ganzen dar. Sie werden getragen von dem, was unter der Oberfläche existiert. Die unsichtbaren Elemente beeinflussen, wenn auch unbewusst, das aktuelle Verhalten der Mitarbeiter und Führungskräfte, welches sich im sichtbaren Teil des Eisbergs äußert.

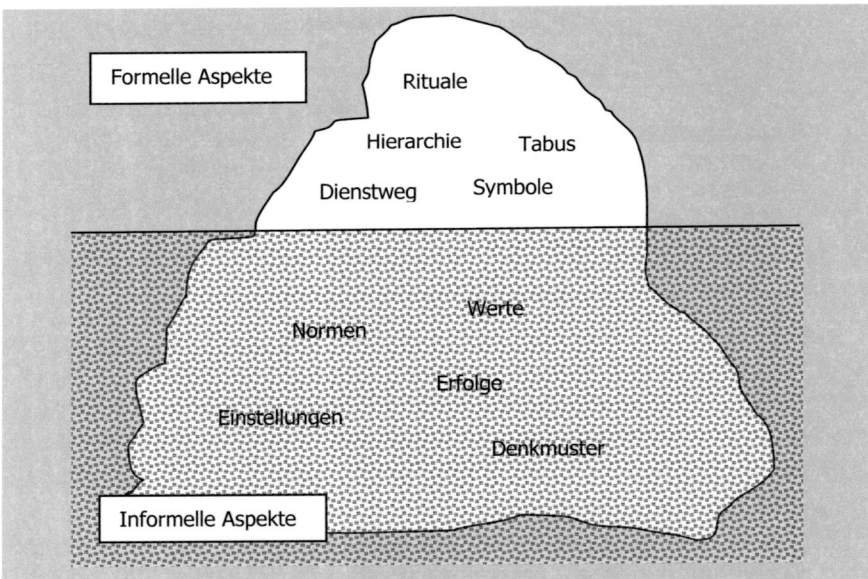

Formelle Aspekte

Rituale

Hierarchie   Tabus

Dienstweg   Symbole

Werte

Normen

Erfolge

Einstellungen

Denkmuster

Informelle Aspekte

Abbildung 8: Eisbergmodell der Unternehmenskultur

Aus diesem Grund ist die ganzheitliche, historisch bedingte Unternehmenskultur nur schwer zu verändern, denn soziologisch gesehen festigen sich bestimmte Verhaltensweisen um so stärker, je erfolgreicher die Gruppe über längere Zeiträume hinweg mit ihnen war.

1.2.4 Corporate Identity

In der heutigen Zeit wird es für Unternehmen eine immer größere Herausforderung am Markt zu bestehen, weil sich zum Beispiel der Wettbewerb durch die Globalisierung verschärft hat. Zudem geht durch Unternehmenszusammenschlüsse und Expansion bei den Mitarbeitern das "Wir-Gefühl" verloren - die Mitarbeiter fühlen sich dem Unternehmen nicht mehr verbunden, da es zu komplex und anonym geworden ist.

Um trotz dieser Entwicklungen erfolgreich zu sein, ist es für ein Unternehmen unerlässlich eine unverwechselbare, individuelle Corporate Identity (Unternehmensidentität oder -persönlichkeit) zu besitzen. Denn entscheidende Wettbewerbsvorteile hat derjenige, der einen Namen hat, der bekannt und zugleich einmalig, unverwechselbar ist sowie ein positives Image genießt. Außerdem benötigen Mitarbeiter, wie bereits dargestellt wurde, eine grundlegende Identifikation mit dem Unternehmen.

Mit dem ganzheitlichen Ansatz einer Corporate Identity sollen die vorgegebenen Unternehmenswerte und Unternehmensziele erreicht werden. Elemente der Corporate Identity sind:

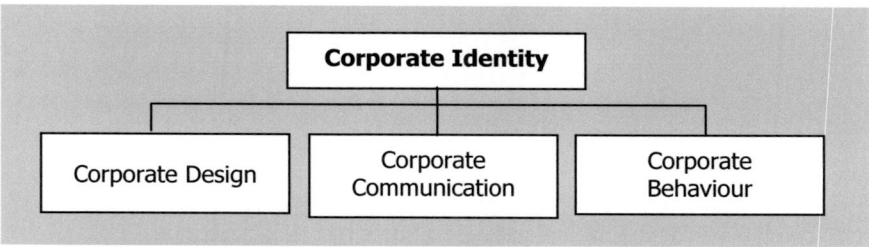

Abbildung 9: Elemente der Corporate Identity

☐ Corporate Design (Unternehmenserscheinungsbild)
Corporate Design umfasst das visuelle Erscheinungsbild des Unternehmens nach innen und nach außen

☐ Corporate Communication (Unternehmenskommunikation)
Corporate Communication bezeichnet die Gesamtheit der Kommunikationsinstrumente und -maßnahmen eines Unternehmens, die eingesetzt werden, um das Unternehmen und seine Leistungen den relevanten Zielgruppen vorzustellen

☐ **Corporate Behaviour** (Unternehmensverhalten)

Corporate Behaviour bezeichnet die Verhaltensweisen der Mitarbeiter eines Unternehmens sowohl untereinander als auch gegenüber Externen (z.B. Kunden, Lieferanten). Mit ihrem Verhalten repräsentieren die Mitarbeiter das Unternehmen nach außen.

2 Strategische Planung

📌 **Vertrautheit** mit dem Instrumentarium der Planung und Steuerung

 Jedes Unternehmen steht in einer permanenten Wechselwirkung mit seiner Umwelt. Die Geschwindigkeit der Umweltveränderungen nimmt aufgrund verschiedener Ursachen, zum Beispiel Verknappung von Ressourcen und Globalisierung, zu. Weiteren Einfluss erfährt das Unternehmen von politischen Entscheidungen, von dem gesellschaftlichen Wertewandel und von der zunehmenden Komplexität von betrieblichen Leistungsprozessen.

Zur langfristigen Sicherung des Unternehmens sind daher eine vorausschauende Planung und ein zielgerichtetes sowie überlegtes Agieren am Markt unter Berücksichtigung der Umweltbedingungen von existentieller Bedeutung.

2.1 Grundlagen der Planung

2.1.1 Planungsbegriff

Als Planung wird die gedankliche Vorwegnahme zukünftigen Handelns, basierend auf einer Prognose, verstanden. Im Ergebnis einer Planung soll unter Berücksichtigung von möglichen Unsicherheiten ein zuvor festgelegtes Ziel erreicht werden.

Die Unternehmensplanung als Gesamtplanung untergliedert sich in diverse Teilpläne. Zu den wichtigsten zählen vor allem folgende:

* leistungswirtschaftlichen Pläne (z.B. Absatz- und Produktionsplanung)
* finanzwirtschaftlichen Pläne (z.B. Finanz- und Investitionsplanung)

Die Personalplanung ist ein weiterer großer Bereich der Planung innerhalb eines Unternehmens. Sie gewährleistet unter anderem den notwenigen Personaleinsatz zur Realisierung der Planungsziele.

2.1.2 Planungszeiträume

Wie aus dem Begriff "Planung" hervorgeht, stehen im Mittelpunkt des Interesses Pläne, die sich unter anderem hinsichtlich des zeitlichen Bezuges unterscheiden lassen. In der Betriebswirtschaft wird unter dem Zeitaspekt vor allem die folgende Planungspyramide unterschieden:

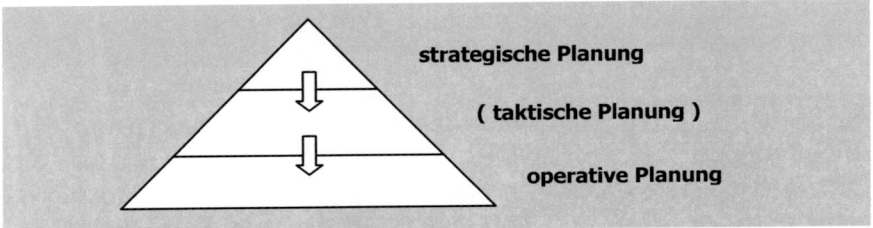

Abbildung 10: Zeitliche Planungspyramide

Strategische Planung ist zukunftsbezogen. Ausgehend von der gegenwärtigen Situation, soll - anhand unzähliger Informationen aus Umwelt- und der Unternehmensanalysen - der Stand des Unternehmens in einem Zeitraum von mindestens drei bis fünf, maximal sieben Jahren dargestellt werden. Jede darüber hinaus gehende Zeitspanne erlaubt aufgrund der Vielzahl von Einflüssen nur eine spekulative Prognose.

Hingegen befasst sich die operative Planung mit der Umsetzung der strategischen Maßnahmen und beschränkt sich auf einen Zeitraum von bis zu einem, maximal drei Jahren.

Die gelegentlich genannte taktische Planung ist ein Bindeglied zwischen beiden Planungsbereichen und kommt vor allem bei großen Unternehmen vor, wo eine Zwischenplanung aufgrund der Komplexität des Planungsprozesses notwendig ist. Der Planungszeitraum erstreckt sich dabei zwischen einem und drei Jahren.

2.1.3 Planungsprozess

Der Planungsprozess vollzieht sich bei allen unternehmerischen Entscheidungen und ist auch im alltäglichen Leben immer wieder anzutreffen. Er wird auch in den folgenden Kapiteln erneut betrachtet.

Nach der Festlegung der Ziele erfolgt die Planung. Wie bereits erwähnt, geht es bei der Planung um das Festlegen von Maßnahmen zur Erreichung eines vorher definierten Zieles. Vor allem sind die organisatorischen und inhaltlichen Aspekte der Maßnahmen von Interesse. Nach der Umsetzung der Maßnahmen erfolgt die Kontrolle, die wiederum in den Zielbildungsprozess mündet.

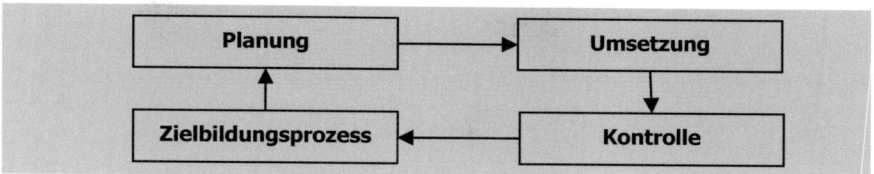

Abbildung 11: Kreislauf beim Planungsprozess

2.2 Grundlagen der Strategischen Planung

2.2.1 Aufgabe

Die Entwicklungen der Märkte und der gesamten Unternehmensumwelt bedeuten für jedes Unternehmen zahlreichen Chancen, aber auch Risiken. Es ist Aufgabe der strategischen Planung, diese frühzeitig zu erkennen, zu analysieren und geeignete Maßnahmen zur Sicherung des Unternehmenserfolges aufzuzeigen.

Zusammengefasst lassen sich die Strategische Planung und ihre Aufgabe wie folgt definieren:

Die **Strategische Planung** ist ein permanenter Prozess, der Informationen aus Umwelt- und Unternehmensanalysen verarbeitet und aus den Erkenntnissen Strategien entwickelt, die einen langfristigen Ausgleich zwischen den Anforderungen der Umwelt und den Möglichkeiten des Unternehmens bezwecken und somit den langfristigen Erfolg des Unternehmens gewährleisten.

Am Beginn der Strategischen Planung stehen die Unternehmensziele und der damit zusammenhängende Zielbildungsprozess. Anhand der Erkenntnisse aus Umwelt- und Unternehmensanalysen werden die zukünftigen Strategien ausgewählt. Diese sind im Unternehmen zu implementieren, um ihre Wirkung zu entfalten. Mittels der strategischen Kontrolle ist der Erfolg der Maßnahmen zu überprüfen; die festgestellten Ergebnisse fließen erneut in die Strategische Planung ein.

Diese einzelnen Komponenten sind durch Vor- und Rückkopplungsprozesse miteinander verbunden und ergeben einen strategischen Planungsprozess.

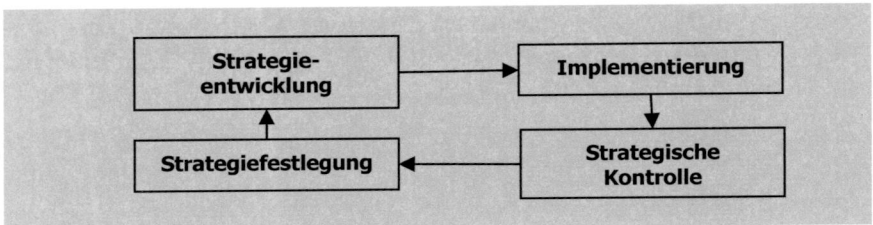

Abbildung 12: Strategischer Planungsprozess

2.2.2 Analyse

Zur Planung von Zielen sowie zur Festlegung von Strategien ist eine grundlegende Analyse der umweltbedingten Chancen und Risiken sowie der unternehmenseigenen Potentiale notwendig.

Für diese Analyse stehen dem Unternehmen verschiedene Instrumente zur Verfügung. Die wichtigsten werden im Kapitel Strategisches Controlling näher betrachtet.

☐ Umweltanalyse

Im Rahmen der strategischen Umweltanalyse hat das Unternehmen die Interessen der Nachfrager am Markt und die Situation der Konkurrenz zu ermitteln. Es geht hier vor allem darum, Trends zu erkennen und eine optimale Wettbewerbsposition auszubauen.

Für die Bestimmung von Chancen und Risiken eines Unternehmens ist die Betrachtung der weiteren Unternehmensumwelt zwingend notwendig, zumal sich die politischen, ökonomischen, technologischen sowie sozialen Rahmenbedingungen ständig ändern.

☐ Unternehmensanalyse

Ziel der Unternehmensanalyse ist die Aufdeckung von eigenen Stärken und Schwächen. So können zum Beispiel Ressourcen im Unternehmen (Mitarbeiterqualifikation, Forschungsergebnisse usw.) einen langfristigen Einfluss auf die Wettbewerbsposition ausüben.

Nach einer umfassenden Analyse der Chancen und Risiken des Unternehmens und seiner Umwelt geht es an die Entwicklung einer Strategie und ihre Implementierung im Unternehmen. Das Ziel ist die langfristige Sicherung des Unternehmenserfolges.

2.3 Elemente der Strategischen Planung

2.3.1 Strategieentwicklung

In der strategischen Planung sind die obersten (grundsätzlichen) Ziele - wie zum Beispiel Existenzsicherung des Unternehmens - und die jeweiligen Unternehmensziele (wie zum Beispiel zukünftige Positionierung am Markt, Steigerung des Gewinns oder Senkung der Produktionskosten) die Grundlage für Strategien.

Der Begriff "Strategie" kommt aus dem Griechischen, wurde vor allem im militärischen Bereich geprägt und bedeutet sinngemäß ein längerfristiges sowie geplantes Erreichen eines vorgegebenen Zieles.

Aus dem reichen Fundus von alternativen Strategien ist nun jene zu entwickeln, die - unter Berücksichtigung der Stärken und Schwächen des Unternehmens - geeignet ist, die Chancen und Risiken der Unternehmensumwelt zu nutzen bzw. zu meiden. Die Strategieentwicklung wird entscheidend beeinflusst durch eine Analyse der strategischen Lücke zwischen Zielvorstellung und dem unternehmerischen Ist-Zustand. Aufgabe der Strategie ist es, Maßnahmen zur Schließung dieser Lücke aufzuzeigen.

Aufgrund der Vielfalt von Zielen in einem Unternehmen, die in Abhängigkeit von der Umwelt stehen, wurden zahlreiche Arten von Unternehmensstrategien entwickelt. Aufgrund der Vielzahl soll hier nur ein Überblick über die grundsätzlichen Strategiearten vermittelt und die Eckpunkte beschrieben werden.

Anhand der nachfolgenden Übersicht ist zu erkennen, dass Strategien und strategische Planung alle betrieblichen Bereiche und Funktionen betreffen können. Aus diesem Grund wird oft vom strategischen Management gesprochen.

Jede Strategie verfolgt die Eckpunkte Wachstum, Stabilisierung der bestehenden Situation oder Vermeidung von Deinvestition (Gegenteil von Investition) im betroffenen Unternehmensbereich.

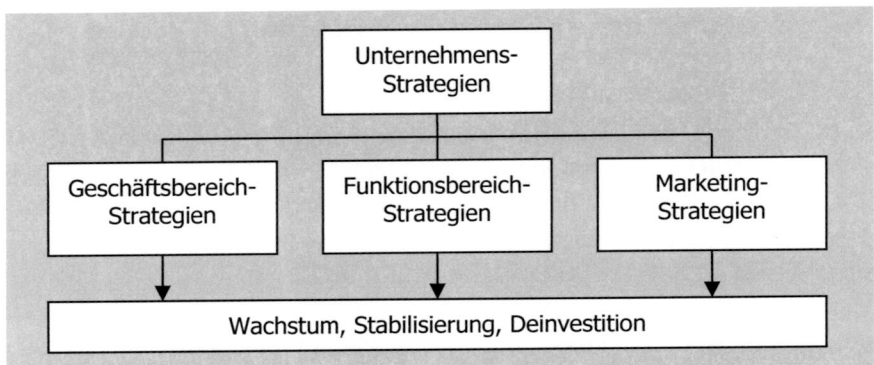

Abbildung 13: Grundsätzliche Strategiearten

2.3.2 Implementierung der Strategien

Bei der Implementierung, also der Realisierung der ausgewählten Strategie in den Unternehmensbereichen, geht die strategische Planung in die operative Planung über. Nachfolgend wird nur kurz der Verlauf der Umsetzung im Unternehmen dargestellt.

Nach der Festlegung der Strategie werden die erforderlichen Maßnahmen zur Umsetzung festgelegt. Dies ist vor allem deshalb notwendig, weil Strategien einen langen Zeithorizont haben. Es müssen also aus der Strategie Zwischenziele und Zwischenmaßnahmen (Einzelmaßnahmen) herausgearbeitet werden, welche innerhalb eines Zeitfensters von zirka einem Jahr bis zu drei Jahren realisierbar sind.

Jede betriebliche Aktivität verursacht Kosten, also muss ein Budget (Kostenrahmen) zur Implementierung der Strategie vereinbart werden. Die Budgetierung wird im Kapitel Controlling näher betrachtet.

Mit der Umsetzung einer Strategie erfolgen oft auch strukturelle Veränderung der Unternehmensorganisation, welche entsprechend berücksichtig werden müssen. Auf die Unternehmensorganisation wird in einem eigenen Kapitel näher eingegangen.

2.3.3 Strategische Kontrolle

Nach der Implementierung der Strategien im Unternehmen folgt die Strategische Kontrolle. Vorrausetzung für eine effektive Kontrolle ist, dass bereits bei der Festlegung der Strategie konkrete Messgrößen sowie Messverfahren festgelegt worden sind.

Mittels einer Abweichungsanalyse werden vorhandene Differenzen auf ihre Ursache untersucht und notwendige Korrekturmaßnahmen eingeleitet. Im Regelfall ist dies mit der Formulierung von neuen Zielen verbunden. Hier beginnt der strategische Planungsprozess von vorne.

Bei modernen Unternehmen wird die Strategische Kontrolle im Rahmen des Strategischen Controllings durchgeführt. Im Kapitel Controlling wird auf dieses Instrument daher näher eingegangen.

3 Organisation

 Fähigkeit Organisationssysteme anzuwenden und umzusetzen

3.1 Grundlagen

3.1.1 Organisationsbegriff

 Der Organisationsbegriff wird im Alltag und in der Wissenschaft sehr vielfältig verwendet, ohne eine abschließende genaue Definition zu haben. So werden wir täglich mit Organisationen wie zum Beispiel Schulen, Vereinen, Gewerkschaften, Unternehmen u.s.w. konfrontiert und zeitgleich wird als Beispiel von der Organisation von Veranstaltungen oder von der Reorganisation von Unternehmen gesprochen.

Das Fehlen eines einheitlichen Organisationsbegriffs ist in der Tatsache begründet, dass der Begriff "Organisation" aus unterschiedlicher Sicht gesehen und dargestellt werden kann. In der Betriebswirtschaft hat man sich auf folgende Sichtweise (drei Dimensionen des Organisationsbegriffes) geeinigt.

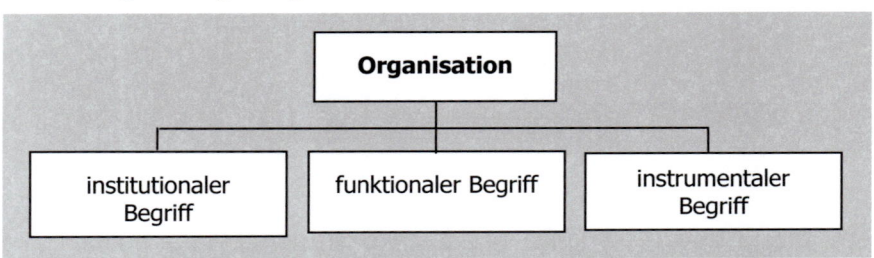

Abbildung 14: Organisationsbegriff aus betriebswirtschaftlicher Sicht

☐ Institutionaler Begriff

Organisation als Bezeichnung für ein Unternehmen, z.B. Non-Profit-Organisation

☐ Funktionaler Begriff

Organisation als Tätigkeit in einem Unternehmen, z.B. Organisation von Prozessen

☐ **Instrumentaler Begriff**

Organisation als Struktur eines Unternehmens, z.B. Organisation des Unternehmens in Form eines Organigramms

3.1.2 Substitutionsgesetz

Die elementaren Produktionsfaktoren (Arbeit, Betriebsmittel und Werkstoffe) werden durch den dispositiven Faktor (Unternehmensführung) in einem optimalen Verhältnis zusammengesetzt, so dass der betriebliche Leistungserstellungsprozess effektiv von statten geht. Hierzu sind die Instrumente Planung (als gedankliche Vorwegnahme des Handelns) und Organisation (als Umsetzung der Planung) notwendig.

Nach dem Substitutionsgesetz können innerhalb der Unternehmensorganisation umso mehr generelle Regelungen getroffen werden, je gleichartiger, regelmäßiger und wiederholbarer Prozesse im Unternehmen auftreten. Es gilt der Grundsatz des organisatorischen Gleichgewichts.

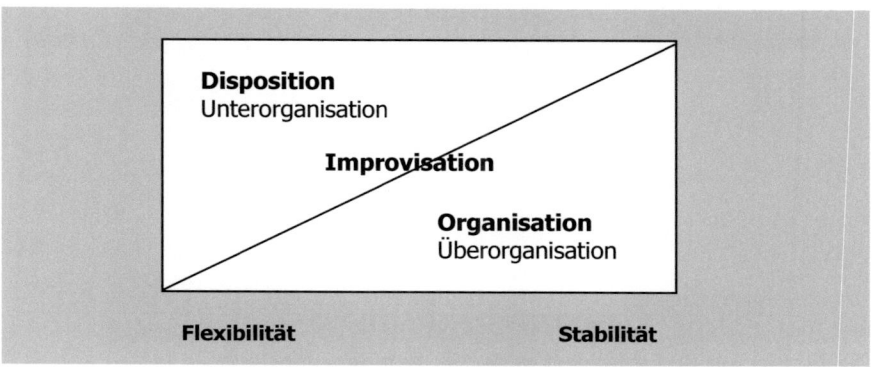

Abbildung 15: Grundsatz des organisatorischen Gleichgewichts

☐ **Organisation**

Unter Organisation wird die Festlegung allgemeiner und dauerhafter Regelungen für viele gleichartige, immer wiederkehrende, planbare Vorgänge verstanden.

☐ **Improvisation**

Unter Improvisation werden kurzfristige, fallweise Regelungen für unvorhergesehene Fälle verstanden.

☐ **Disposition**

Unter Disposition werden langfristige, fallweise Regelungen für spezielle, vorhersehbare (planbare) Fälle verstanden.

Das Verhältnis von Stabilität und Flexibilität muss ausgewogen sein - soviel organisatorische Regelungen wie notwendig und so viel Flexibilität wie möglich.

3.1.3 Aufbauorganisation

Die Aufbauorganisation strukturiert das Unternehmen, das heißt sie gibt dem Unternehmen eine formale Organisationsstruktur. Das Ziel ist die effiziente Bildung von Organisationseinheiten sowie die Festlegung einer Organisationsform, die dem Unternehmensziel entspricht.

Als Strukturmerkmale, die die Form der Aufbauorganisation maßgeblich bestimmen, gelten folgende:

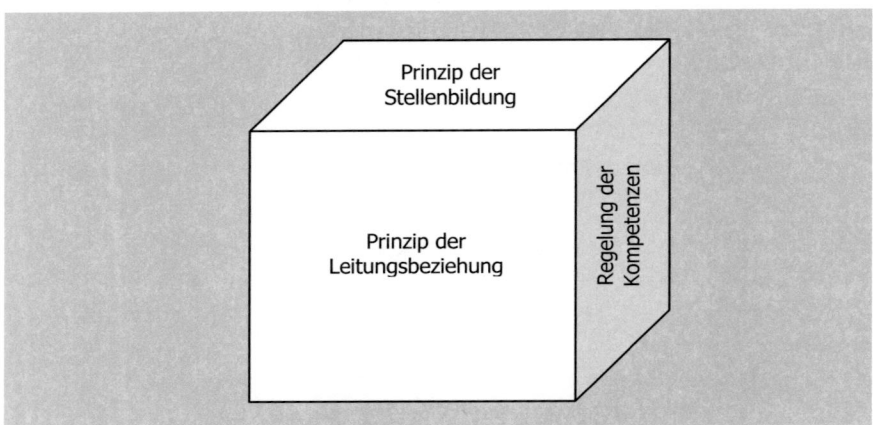

Abbildung 16: Strukturmerkmale der Aufbauorganisation

☐ **Regelung der Kompetenzen**

Regelung hauptsächlich von Aufgaben, Kompetenzen und Verantwortung

☐ **Prinzip der Stellenbildung**

das Prinzip der Stellenbildung beinhaltet die Aufgabenanalyse und Aufgabensynthese, beide sind Grundlage für die Bildung von Organisationseinheiten

☐ Prinzip der Leitungsbeziehung

das Prinzip der Leitungsbeziehung spiegelt sich in Form von Einlinien-, Mehrlinien und Stabliniensystemen wieder

3.2 Regelung der Kompetenzen

Bei der Übertragung von Zuständigkeiten auf Aufgabenträger ist auf die Übereinstimmung von Aufgabe, Kompetenz und Verantwortung zu achten. Andernfalls kann eine selbstständige und eigenverantwortliche Erfüllung der Aufgaben nicht erwartet werden.

3.2.1 Aufgabe

Die Aufgabe stellt eine Aufforderung an einen Aufgabenträger dar, eine festgelegte Verrichtung wahrzunehmen. Die Aufgabe leitet sich aus Zielen ab.

3.2.2 Kompetenz

Die Kompetenz ist die Befugnis einer Person, auf der Basis ihrer fachlichen Zuständigkeit Maßnahmen zur Erfüllung von Aufgaben zu ergreifen, für deren Bewältigung sie die Verantwortung übernimmt.

Es wird unterschieden zwischen Kompetenz hinsichtlich der Leitung bzw. Weisungsbefugnis für eine Aufgabe und der Kompetenz hinsichtlich der Ausführung einer Aufgabe.

3.2.3 Verantwortung

Verantwortung ist das persönliche Einstehen für die Folgen von selbstständigen Handlungen und Entscheidungen. Das Handeln kann entweder durch Tun oder durch Unterlassen erfolgen. Die Verantwortung bezieht sich daher auf erfolgreiches wie auch erfolgloses Handeln.

3.3 Prinzip der Stellenbildung

3.3.1 Aufgabenanalyse

Einer der ersten Schritte zur Bildung von Organisationseinheiten ist die Aufgabenanalyse und umfasst das systematische stufenweise Zerlegen der Gesamtaufgabe in ihre jeweiligen Teilaufgaben.

Die im Rahmen der Aufgabenanalyse ermittelten kleinsten Aufgabeneinheiten werden als **Elementaufgaben** bezeichnet. Sinnvollerweise liegt die Grenze der Aufgabenanalyse dort, wo eine Aufgabe entsteht, die einer Person zuzuordnen ist.

Anhand der folgenden Gliederungsmerkmale lassen sich Gesamtaufgaben in Elementaraufgaben untergliedern:

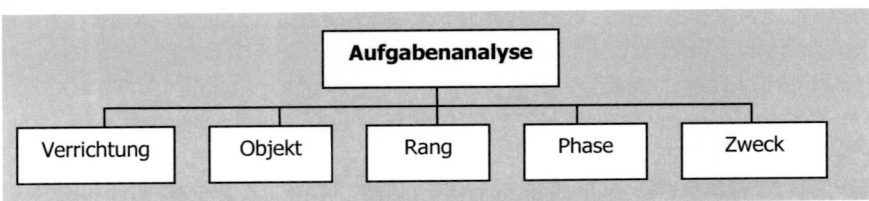

Abbildung 17: Gliederungsmerkmale der Aufgabenanalyse

Die Gliederungsmerkmale lassen sich inhaltlich wie folgt beschreiben:

☐ **Verrichtung**
Art der Leistung, die zu erbringen ist

☐ **Objekt**
Art des Gegenstandes, auf den sich die Verrichtung bezieht

☐ **Rang**
Trennung von Entscheidungs- und Ausführungsaufgaben

☐ **Phase**
Trennung von Planungs-, Realisations- und Kontrollaufgaben

☐ **Zweck**
Zielsetzung der Aufgabe, z.B. Leitungs- oder Verwaltungsaufgabe

Eine gleichzeitige Erfassung der fünf Gliederungsmerkmale ist in der Regel nicht möglich und wird mit zunehmender Organisationsgröße und -komplexität schwierig. Aus diesem Grund ist pro Analyseebene immer nur ein Kriterium zu verwenden, um Überschneidungen zu vermeiden.

3.3.2 Aufgabensynthese

Die Aufgabensynthese fasst die in der Aufgabenanalyse gewonnenen Teilaufgaben zu sinnvollen und verteilungsfähigen Aufgabenkomplexen zusammen, die bestimmten Organisationseinheiten zugeordnet werden können. Die Anzahl, die Art und der Umfang der Teilaufgaben, die zu einer Organisationseinheit zu vereinigen sind, hängen vor allem vom Leistungsvermögen des Aufgabenträgers ab.

Entscheidend für die Vereinigung von Teilaufgaben ist das Kriterium der Zentralisation bzw. Dezentralisation.

☐ **Zentralisation**

Zusammenfassung gleichartiger Aufgaben auf eine Organisationseinheit

☐ **Dezentralisation**

Verteilung gleichartiger Aufgaben auf mehrere Organisationseinheiten

3.4 Bildung von Organisationseinheiten

Die Bildung von Organisationseinheiten ist das Ergebnis der voran gegangenen Aufgabenanalyse sowie Aufgabensynthese. Dabei bezeichnet der Begriff "Organisationseinheit" sämtliche organisatorischen Einheiten, die durch eine Zusammenfassung von Teilaufgaben und ihre Zuordnung zu gedachten Personen entstehen.

Das Ergebnis dieser Zusammenfassung wird graphisch in einem Organisationsschaubild, dem **Organigramm**, zum Ausdruck gebracht. Dieses stellt die Struktur und die Weisungshierarchie des Unternehmens dar.

3.4.1 Stelle, Arbeitsplatz

Die **Stelle** ist die kleinste Organisationseinheit und somit das Grundelement der Aufbauorganisation und entsteht durch die dauerhafte Zuordnung von Teilaufgaben auf eine oder mehrere gedachte Personen. Sie sind also abstrakte Einheiten und Verbindungsglieder zwischen Aufgaben und Aufgabenträger.

Eine Stelle kann mit einem oder mehreren Aufgabenträgern (Stelleninhaber) besetzt werden, dementsprechend spricht man von Ein- oder Mehrpersonenstellen. Der Stelleninhaber ist für die ordnungsgemäße Aufgabenerfüllung verantwortlich.

Der **Arbeitsplatz** hingegen bezeichnet den realen Ort der Aufgabenerfüllung.

3.4.2 Ausführungsstellen

Die Ausführungsstellen sind Organisationseinheiten der untersten Ebene, sie besitzen nur Durchführungsbefugnisse und dürfen keine verbindlichen Weisungen an andere Stellen geben. Sie befassen sich unmittelbar mit Herstellung eines Produktes oder der Erbringung einer Dienstleistung bzw. der Erledigung einer Teilaufgabe.

3.4.3 Stabsstellen

Die Stabstellen stellen Organisationseinheiten dar, welche andere Organisationseinheiten (z.B. Instanzen) beraten und unterstützen, ohne selber Entscheidungs- und Weisungsbefugnisse gegenüber diesen zu besitzen. Bei der Bildung von Stabsstellen kommt das Prinzip der Trennung von Entscheidungsbefugnis und Expertenwissen zum Tragen.

3.4.4 Instanz

Instanz sind Organisationseinheiten mit Weisungsbefugnis, bei denen die Führungsaufgaben überwiegen und Entscheidungen gegenüber anderen Stellen zu treffen sind. Sie sind verpflichtet, für die Folgen ihrer Entscheidungen und Handlungen einzustehen, das heißt die entsprechende Verantwortung zu übernehmen.

Entsprechend der hierarchischen Struktur werden bei den Instanzen obere, mittlere und untere Instanzen unterschieden. Aus dieser Verteilung der Weisungsbefugnis bestimmt sich der Dienstweg, auf dem die offizielle Kommunikation stattfindet. Die Anzahl der Instanzen definiert die Tiefe der Hierarchie. Je tiefer die Hierarchie, umso langsamer ist der Dienstweg.

Diese Hierarchie lässt sich als Managementpyramide darstellen und bringt gleichzeitig die Stellung der mit Leitungsaufgaben betrauten Personen zum Ausdruck.

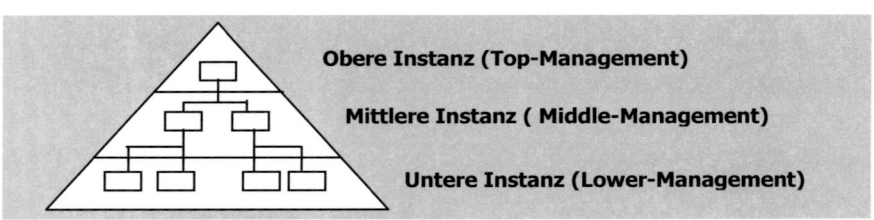

Abbildung 18: Managementpyramide

3.4.5 Abteilungen

Die vorstehend genannten Organisationseinheiten werden anhand bestimmter Kriterien geordnet und zu übergeordneten Organisationseinheiten - den Abteilungen - zusammengefasst.

Eine Abteilung entsteht durch die unbefristete Unterstellung von einer oder mehreren Ausführungsstellen und gegebenenfalls von einer oder mehreren Stabstellen unter eine gemeinsame Leitungsstelle.

3.4.6 Leitungsspanne, Leitungstiefe

Die Leitungsspanne bzw. Leitungstiefe ist ein weiteres Kriterium für die Aufbauorganisation. Unter den Begriffen wird folgendes verstanden:

☐ Leitungsspanne

Anzahl der einer Leitungsstelle unmittelbar unterstellten Personen

☐ Leitungstiefe

Zahl der hierarchischen Leitungsebenen

Die nachfolgende Abbildung zeigt den Zusammenhang zwischen Leitungsspanne und Leitungstiefe.

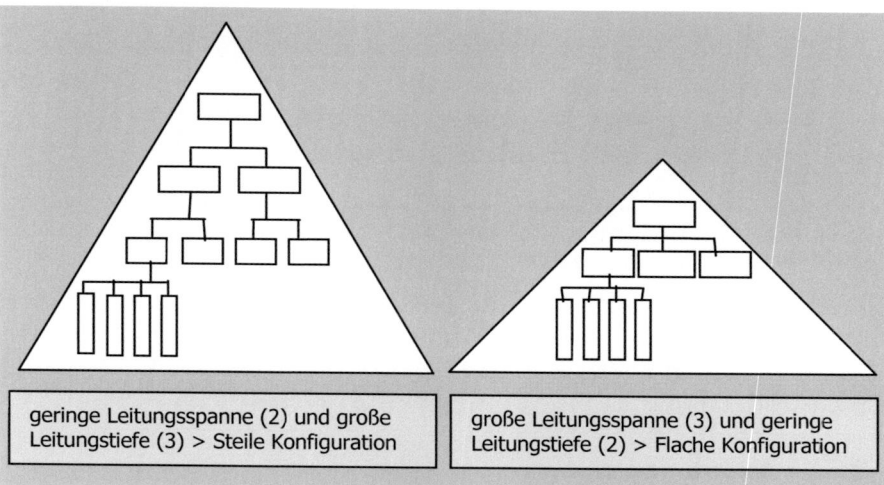

geringe Leitungsspanne (2) und große Leitungstiefe (3) > Steile Konfiguration

große Leitungsspanne (3) und geringe Leitungstiefe (2) > Flache Konfiguration

Abbildung 19: Zusammenhang von Leitungsspanne und Leitungstiefe

3.5 Organisationssysteme

Leitungsstrukturen zeigen, wie die Weisungsbefugnisse zwischen den Stellen geordnet und verteilt sind. Es werden grundsätzlich folgende drei Organisationssysteme unterschieden:

- Einliniensystem
- Mehrliniensystem
- Stabliniensystem

3.5.1 Einliniensystem

Beim Einliniensystem erhält jede Stelle im Unternehmen von genau einer übergeordneten Instanz Weisungen und Informationen. Von der Unternehmensleitung bis zur untersten Stelle besteht eine eindeutige Linie der Weisungsbefugnis (Dienstweg) und Verantwortung, die über mehrere Zwischenstufen führt.

Das Einliniensystem ist die bekannteste Form der Organisationssysteme und wird in der Praxis vor allem bei Klein- und Mittelunternehmen und oft in staatlichen Institutionen (z.B. Bundeswehr, Behörden) angewandt.

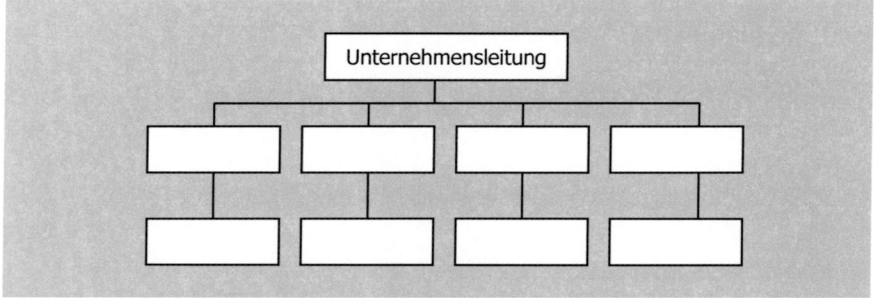

Abbildung 20: Einliniensystem

Inoffizielle Verbindungen zum Austausch von Informationen zwischen hierarchisch nicht direkt unterstellten Stellen, im alltäglichen Sprachgebrauch auch als "kleiner Dienstweg" bezeichnet, werden in der Organisationslehre **Fayolsche Brücken** genannt.

3.5.2 Mehrliniensystem

Beim Mehrliniensystem kann eine Stelle von mehreren übergeordneten Instanzen Weisungen erhalten. Es gilt das Prinzip des kürzesten

Weges, so dass Hierarchiestufen eingespart werden können. Es entsteht allerdings ein hoher Kommunikationsbedarf, da Zuständigkeiten, Weisungsbefugnisse und Verantwortlichkeiten schwerer voneinander getrennt werden können.

In der Praxis kommt das Mehrliniensystem als Mischform mit dem Einliniensystem vor.

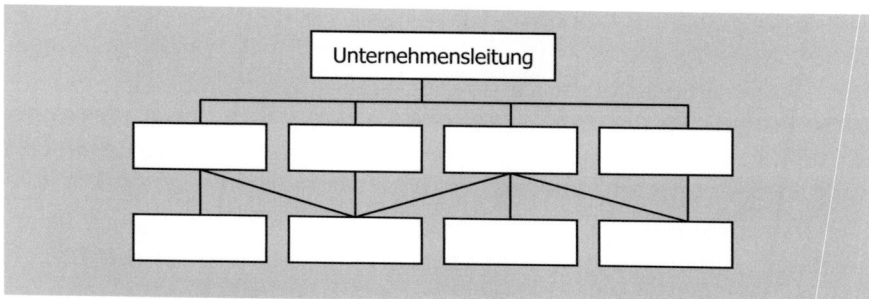

Abbildung 21: Mehrliniensystem

3.5.3 Stabliniensystem

Beim Stabliniensystem wird das Ein- oder Mehrliniensystem durch Stabsstellen ergänzt. Stabsstellen (vergleiche Abschnitt 3.4.3) sind in der Praxis meistens der Geschäftsführung zugeordnet, könnten theoretisch aber jeder Leitungsstelle unterstellt sein.

Wenn der Aufgabenbereich größer ist, werden so genannte Stabsabteilungen gebildet. Sie stehen nicht nur einer Leitungsstelle zur Verfügung, sondern übernehmen mit ihren speziellen Kenntnissen Dienstleistungsfunktionen für alle anderen Abteilungen. Typische Beispiele hierfür sind Organisations-, EDV-, Rechts-, oder Planungsabteilungen.

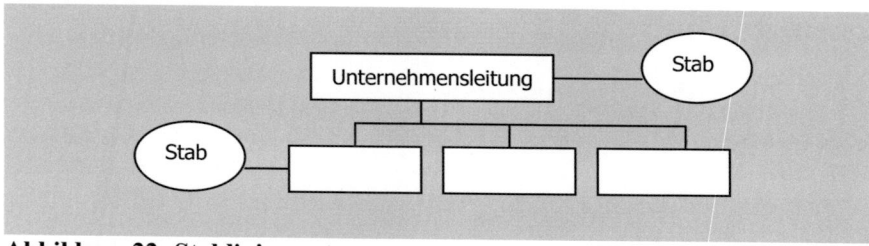

Abbildung 22: Stabliniensystem

3.5.4 Gruppenkonzepte

Die Gruppenkonzepte sind dadurch gekennzeichnet, dass Entscheidungsbefugnisse einem Team übertragen werden. Das Team stellt in diesem Zusammenhang eine Gruppe von Personen dar, die einen bestimmten Aufgabenbereich gemeinsam und weitgehend autonom bearbeiten.

Die Organisationsentwicklung vollzieht sich in der Weise, dass sich im Unternehmen Gruppen zu Teams entwickeln, die Erfolg anstreben und durch einen hohen Zusammenhalt geprägt sind. Ursache für diese Entwicklung können unter anderem ein veränderter Führungsstil (z.B. kooperativer Führung) oder die Delegation (Übertragung von Aufgabenverantwortung) sein.

Die Teamfähigkeit der Gruppenmitglieder ist eine wichtige Vorraussetzung für das Gelingen der Aufgabenerfüllung und für das Funktionieren des Gruppenkonzeptes. Sie bedarf der aktiven Mit- und Zusammenarbeit aller Mitglieder, welche die Aufgabenerfüllung über die eigenen Interessen stellen müssen.

Gruppenkonzepte kommen daher häufig bei der Bearbeitung von Projekten zur Anwendung.

3.6 Organisationsformen

Die bereits dargestellten Organisationssysteme sind die Grundlage für die heute anzutreffenden, teilweise komplexen Organisationsformen. Mit der Abkehr von den klassischen Liniensystemen nimmt auch der Funktionalisierungsgrad der Organisationen zu. Welche Organisationsform ein Unternehmen anwendet, wird von verschiedenen Einflussgrößen - zum Beispiel Unternehmensgröße, Leistungsprogramm oder verwendete Technologie - des betrieblichen Leistungsprozesses bestimmt.

3.6.1 Funktionalorganisation

Die Bildung der Funktionalorganisation erfolgt nach klar abgegrenzten Funktionen bzw. Verrichtungen, die in der Regel an den leistungswirtschaftlichen Prozess des Unternehmens anknüpfen - z.B. Einkauf, Verwaltung.

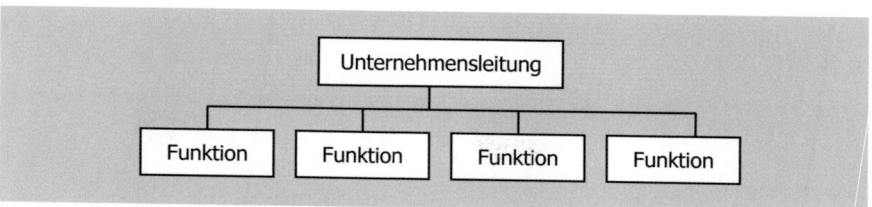

Abbildung 23: Funktionalorganisation

3.6.2 Spartenorganisation

Die Spartenorganisation (manchmal auch Divisionalorganisation genannt) wird nach klar abgegrenzten Objekten - z.B. nach Produkten,
Produktgruppen, Branchen - untergliedert. Eine anschließende weitere Untergliederung der einzelnen Bereiche geschieht meist nach
Funktionen oder Verrichtungen.

Bei den Spatenorganisationen besitzen die einzelnen Sparten alle
wichtigen Funktionsbereiche einer selbstständigen Unternehmung,
also Beschaffung, Produktion und Absatz. Das oberste Leitungsorgan
kann sich dementsprechend auf die Überwachung und Koordinie-
rung der einzelnen Bereiche beschränken.

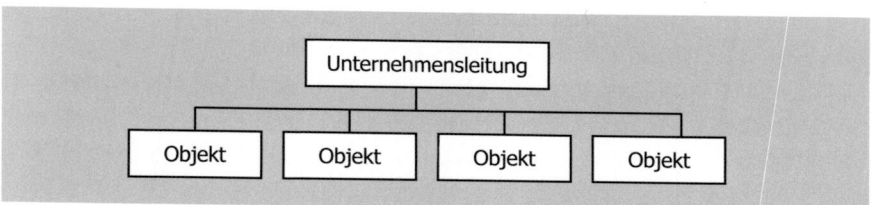

Abbildung 24: Spartenorganisation (Divisionalorganisation)

3.6.3 Matrixorganisation

Die Matrixorganisation hat einen sehr hohen Funktionalisierungsgrad
und findet sich vor allen bei großen Unternehmen und Konzernen
wieder. In ihr werden eine Funktional- und eine Spartenorganisation
vereint, indem ab der zweiten Hierarchieebene zwei Gliederungen
gleichzeitig und gleichberechtigt vorgenommen werden.

In der Horizontalen werden zentrale Objekte des Unternehmens an-
geordnet, z.B. Produkt Auto, Produkt LKW. In der Vertikalen werden
zentrale Funktionen ausgewiesen, z.B. Finanzabteilung, Marketingab-
teilung. In den Schnittstellen befinden sich Organisationseinheiten

(OE), die doppelt unterstellt sind, z.B. Vermarktung vom Produkt Auto.

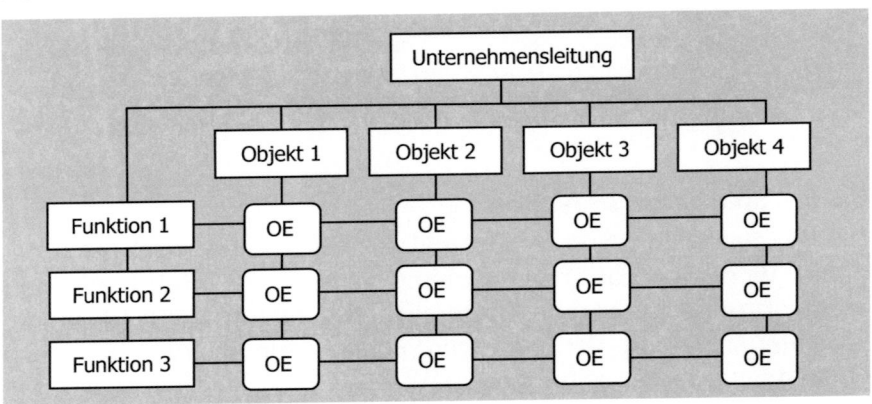

Abbildung 25: Matrixorganisation

3.6.4 Center-Organisation

Eine Weiterentwicklung der bisherigen Organisationsformen ist die Center-Organisation. Sie wird vor allem angewandt bei Unternehmen, die sehr unterschiedliche Güter und Dienstleistungen herstellen bzw. auf sehr unterschiedlichen Märkten agieren.

Die Center-Organisation kann als Funktional- oder Spartenorganisation entwickelt werden und untergliedert sich entsprechend der Selbstbestimmung sowie Verantwortung in folgende Formen:

☐ Profit-Center

Das Profit-Center ist innerhalb des Unternehmens ein selbstständiger Organisationsteil, der für die Geschäftsprozesse und das wirtschaftliche Ergebnis allein verantwortlich ist.

☐ Cost-Center

Das Cost-Center ist hingegen kein selbstständiger Organisationsteil und hat auch keine Verantwortung für das wirtschaftliche Ergebnis, sondern muss vorgegebene Kostenziele einhalten sowie erreichen.

3.7 Projektorganisation

Der ständige Wandel in der Unternehmensumwelt zwingt die Unternehmen zu permanenten Anpassungen ihrer Unternehmensorganisation, zum Loslassen von starren Strukturen und Mustern. Das zeigt sich gerade bei Klein- und mittelständigen Unternehmen der Dienstleistungsbranche.

Aber auch große Unternehmen und Konzerne werden durch die Komplexität mancher Aufgaben gezwungen, organisatorischen Strukturen aufzubrechen und an fach- sowie bereichsübergreifende Lösungen für Aufgaben heranzugehen. Dies ist zum Beispiel bei Forschungsaufträgen oder großen Bauvorhaben festzustellen.

Zeitgleich zwingt der gesellschaftliche Wandel die Unternehmen, nach neuen Führungsgrundsätzen zu suchen. Die Mitarbeiter wollen gefördert werden, sind bereit Verantwortung für ihr Handeln zu übernehmen und haben wenig Interesse an sich ständig wiederholenden Arbeitsschritten.

Alle dargestellten Aspekte lassen sich in der Projektorganisation vereinen. Die Projektorganisation stellt eine eigenständige Spezialisierung der bestehenden Organisationsformen dar und gestaltet organisatorische Prozesse entsprechend den Anforderungen des Projektmanagements. In den folgenden Abschnitten wird das Projektmanagement aus Sicht der Organisationslehre etwas näher betrachtet.

3.7.1 Begriff "Projekt"

Die Vielzahl und Unterschiedlichkeit von Projekten weisen einige wesentliche gemeinsame Merkmale auf. So handelt es sich bei einem Projekt im allgemeinen um:

- um ein komplexes, einmaliges Vorhaben,
- das zeitlich befristet ist,
- klar definierte Zielvorgaben hat und
- sich gegenüber anderen Aufgaben angrenzen lässt.

Projekte sind also keine sich ständig wiederholenden Aufgaben des Unternehmens, wenn auch der Projektauftrag der gleiche sein kann. Sie heben sich von Routineaufgaben dadurch ab, dass es jedes Mal eine neue Herausforderung für das Unternehmen ist. Im Regelfall sind bei jedem Projekt die personellen, finanziellen und sachliche Ressourcen neu festzulegen, die Ziele neu zu definieren und der Zeitplan muss neu aufgestellt werden.

3.7.2 Projektmanagement

Dem Projektmanagement obliegt die Realisierung des Projektes gemäß dem Projektauftrag. Ein Projekt ist quasi ein kleines Unternehmen auf Zeit innerhalb des Unternehmens. Als organisatorische Einheit weist das Projekt entsprechende Führungsinstrumente, organisatorisch Strukturen, Kompetenzen sowie Aufgaben der Projektmitarbeiter und Kommunikationswege innerhalb der Projektgruppe und nach außen auf.

Für die Zeitdauer des Projektes werden dem Projektmanagement unter anderem personelle Ressourcen des Unternehmens zur Verfügung gestellt. Neben dem Projektmanager, der das Projektmanagement in Eigenverantwortung übernimmt bzw. übertragen bekommt, bilden die weiteren Mitarbeiter die Projektgruppe.

Das Projektmanagement vollzieht sich analog zum Zielbildungsprozess; in den Phasen der Festlegung des Projektziels, der dazugehörigen Planung, der Projektdurchführung und dem Projektabschluss.

3.7.3 Arten der Projektorganisation

Die Art der Unterstellung des Projektmanagers gegenüber der Unternehmensleitung und des Weisungsrechtes des Projektmanagers gegenüber den Projektmitarbeitern führen zu unterschiedlichen Projektorganisationen. Die Projektorganisation bestimmt die strukturelle Beziehung zwischen Projektmanager und Projektgruppe sowie die Kompetenzen des Projektmanagers an sich.

Entsprechend den bereits dargestellten Organisationssystemen und Organisationsformen können verschiedene Arten der Projektorganisation unterschieden werden. Gegebenenfalls ist es notwendig, für jedes Projekt eine neue Projektorganisation zu entwickeln.

▢ Reine Projektorganisation

Die Mitglieder der Projektgruppen werden aus ihren Struktureinheiten herausgelöst und bilden für die Dauer des Projektes eigenständige organisatorische Einheiten innerhalb des Unternehmens (reine Projektgruppen). Der Projektmanager ist der Unternehmensführung unterstellt und hat für das Projekt die volle Weisungs- und Entscheidungsbefugnis.

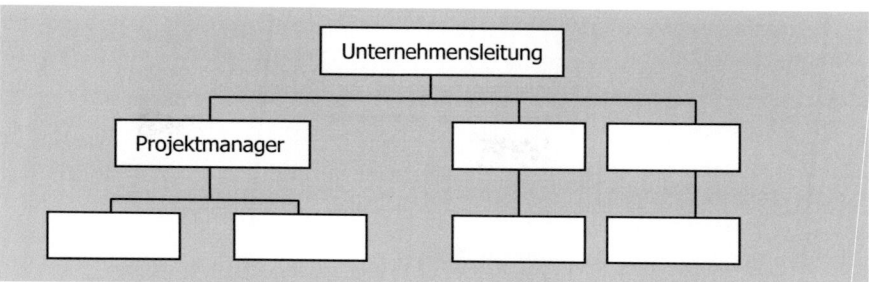

Abbildung 26: Reine Projektorganisation

☐ Linien-Projektorganisation

Die Mitglieder der Projektgruppen verbleiben in ihren Struktureinheiten und arbeiten dort ihre Projektaufträge ab. Der Projektmanager wird einer mittleren Instanz (z.B. einem Abteilungsleiter) unterstellt und hat gegenüber den Mitgliedern der Projektgruppe keine Weisungsbefugnis und nur eine geringe Entscheidungsbefugnis.

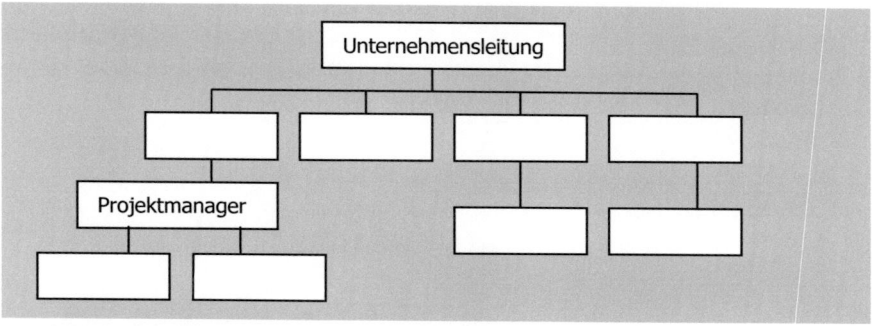

Abbildung 27: Linien-Projektorganisation

☐ Stabs-Projektorganisation

Wie bei der Linien-Projektorganisation verbleiben die Mitarbeiter in ihren Struktureinheiten und arbeiten dort an ihren Projektaufträgen. Der Projektmanager als Stabstelle, hat nur die Aufgabe, die Aufträge zu koordinieren und beratend tätig zu werden.

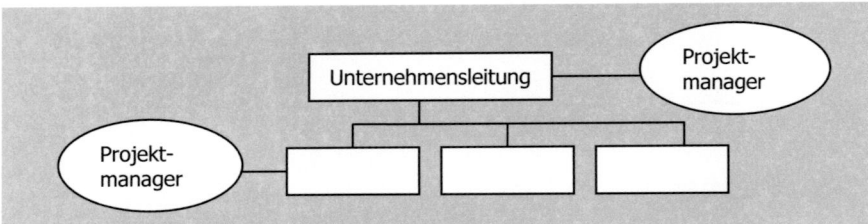

Abbildung 28: Stabs-Projektorganisation

☐ Matrix-Projektorganisation

Die Mitarbeiter der Projektgruppen in der Matrix-Projektorganisation arbeiten während des Projektes zeitweise außerhalb ihrer Struktureinheiten, bleiben aber disziplinarisch ihrem jeweiligen Linienvorgesetzten jederzeit unterstellt. Der Projektmanager hat jedoch die uneingeschränkte Weisungsbefugnis in projektbezogenen Fragen.

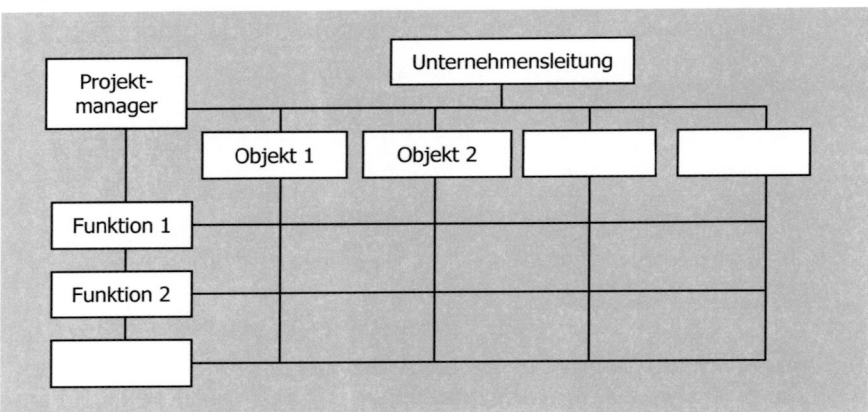

Abbildung 29: Matrix-Projektorganisation

4 Mitarbeiterführung

Für jedes Unternehmen bilden Mitarbeiter das wichtigste Kapital - in diesem Zusammenhang wird in der Literatur oft der Begriff "Humankapital" verwendet. Erst Recht in Dienstleistungsunternehmen, wo die Leistung vom Mitarbeiter unmittelbar am Kunden erbracht wird, ist der Mitarbeiter mit all seinen Leistungs- und Verhaltensaspekten das entscheidende Element für den Unternehmenserfolg.

Auf dieser Erkenntnis beruht der Wandel hin zu einer verstärkten Mitarbeiterorientierung, denn nur fachlich kompetente, effizient arbeitende, kundenorientierte, motivierte und zufriedene Mitarbeiter tragen in hohem Maße zur Wettbewerbsfähigkeit und zum Unternehmenserfolg bei. Aufgrund dieses Wandels gewinnt die Mitarbeiterführung eine wachsende Bedeutung, auch oder vor allem in Non-Profit-Unternehmen.

4.1 Aufgabe der Mitarbeiterführung

Die festgelegten Unternehmensziele, die strategische Planung des Unternehmens stellen zunächst nur Theorie dar. Zur Umsetzung aller Ideen, Visionen oder Zielsetzungen in der Praxis, d.h. in den einzelnen Unternehmensbereichen, werden die Mitarbeiter und ihr persönlicher Einsatz benötigt.

Es ist daher Aufgabe der Mitarbeiterführung, die Mitarbeiter so zu lenken, zu steuern, zu motivieren - kurzum ihr Verhalten und ihre Einstellung so zu beeinflussen -, dass sie die festgelegten Unternehmensaufgaben anhand der Zielsetzungen erledigen.

Wegen der Ausrichtung auf ein Ziel und der zeitgleichen Berücksichtigung von Mitarbeiterbelangen, setzt sich die Mitarbeiterführung aus der Sach- und Personenführung zusammen.

4.1.1 Sachführung

Der Begriff der Sachführung lässt sich nicht ganz eindeutig definieren und somit nicht von der nachfolgenden Personalführung klar abgrenzen. Im Mittelpunkt der Sachführung steht zweifelsfrei die Aufgabe bzw. die Zielsetzung, welche erreicht werden muss.

Zur Aufgabenerfüllung hat die Führungskraft den organisatorischen Rahmen zu setzen. Es sind beispielsweise die notwendigen Ressourcen bereit zu stellen, die einzelnen Arbeitsschritte zu koordinieren und der Fortschritt zu kontrollieren; gegebenenfalls muss steuernd eingegriffen werden. All dies sind die Tätigkeiten, die eine Leitungs- / Führungskraft tagtäglich zu erledigen hat.

4.1.2 Personalführung

Eine Erreichung von Zielen ist vor allem in Dienstleistungsunternehmen nur unter Beteiligung von Mitarbeitern möglich. Aus diesem Grund ist neben der Sach- auch die Personalführung ein wesentliches Element der Mitarbeiterführung.

Das Hauptziel der Personalführung ist die Motivation der Mitarbeiter, im Sinne der Unternehmensziele zu handeln. In der heutigen Zeit des ständigen Wandels geht das mit einer permanenten Mitarbeiterqualifikation und -entwickelung einher. Nicht ausschließlich wegen der Bedürfnisse der Mitarbeiter, sondern auch wegen der Erfordernisse des Marktes und der gesamten Unternehmensumwelt. So zwingt beispielsweise der technologische Fortschritt zu einer ständigen Qualifikation der Mitarbeiter, um wettbewerbsfähig zu bleiben und den Erfolg des Unternehmens langfristig zu sichern.

Die Personalführung ist sehr eng mit der Personalwirtschaft - die nicht Bestandteil des Kompendiums ist - verzahnt. Vor allem die Bereiche Mitarbeiterqualifikation und -beurteilung sowie personelle Maßnahmen werden in der Personalwirtschaft näher beleuchtet.

4.2 Anwendung von Führungsmethoden

 Beherrschung von Techniken und Methoden

Die Personalführungsaufgaben sind zu komplex und zu individuell, um den Führungskräften eine universelle Handlungsempfehlung geben zu können. Die bestehenden Führungsmethoden bzw. Führungskonzepte liefern jedoch einen Rahmen an Handlungsempfehlungen bezüglich einer effektiven sowie effizienten Personalführung. Vor allem die in den vergangenen Jahren neu entwickelten Managementkonzepte sind Ergebnisse des sozio-kulturellen Wandels und sind auf die geänderten Bedürfnisse der Mitarbeiter ausgerichtet.

4.2.1 Managementkonzepte

In den letzten Jahren wurden zahlreiche Managementkonzepte entwickelt; auch gegenwärtig werden immer wieder neue Konzepte bekannt, so dass ihre Anzahl bald nicht mehr überschaubar ist. Außerdem führen die Weiterentwicklungen oft zu Überschneidungen und verschwimmenden Abgrenungen der einzelnen Konzepte.

Bei genauer Betrachtung und Analyse lassen sich bei allen Konzepten drei Grundideen feststellen:

- Führung durch Zielvorgabe
- Führung durch Zielvereinbarung oder
- Führung durch Zielfindung.

Die bekannten Managementkonzepte stellen Führungsgrundsätze dar, die der Führungskraft eine grundlegende Ausrichtung der Personalführung aufzeigen; somit haben sie einen unternehmensunabhängigen Gültigkeitsanspruch. Im Folgenden werden die wichtigsten bzw. die bekanntesten Managementkonzepte näher erläutert:

☐ **Management by Exception**

der Mitarbeiter entscheidet und handelt bei alltäglichen Situationen und Routineaufgaben eigenverantwortlich, die Führungskraft greift nur bei außergewöhnlichen Fällen bzw. Situationen ein

☐ **Management by Objectives**

Führungskraft und Mitarbeiter vereinbaren gemeinsam realistische sowie exakte Ziele, wobei der Mitarbeiter über den Weg der Zielerreichung selbst bestimmen kann; am Ende erfolgt eine Kontrolle durch die Führungskraft

☐ **Management by Delegation**

die Führungskraft überträgt Aufgaben an die Mitarbeiter, die diese vollständig eigenverantwortlich bearbeiten

☐ **Management by Motivation**

durch angepasste Motivationsinstrumente soll der Mitarbeiter permanent motiviert werden, seine Leistung weiter zu steigern

☐ **Management by Results**

die Führungskraft beschränkt sich auf die Überwachung der Ergebnisse

4.2.2 Kriterien für Mitarbeitereinsatz

Der oft zitierte sozio-kulturelle Wandel hat, wie bereits beschrieben, Auswirkungen auch auf den Einsatz der Mitarbeiter im Unternehmen und auf das Führungsverhalten selbst.

Am Anfang der industriellen Revolution war Führung ausschließlich von autoritären Aspekten geprägt - nur die Führungskraft hatte das Wissen und die Kompetenz, Entscheidungen zu treffen. Die Beziehung zwischen Führungskraft und Mitarbeiter war einseitig; der eine entschied und der andere führte aus.

In der heutigen Zeit hat sich diese Beziehung sehr gewandelt. Der Mitarbeiter hat durch Schulbildung, berufliche Qualifikation und Weiterbildung oft den gleichen (und manchmal den höheren) Bildungsstand, wie die Führungskraft. Aus der anfänglichen einseitigen Abhängigkeitsbeziehung wurde eine zweiseitige. Der Mitarbeiter führt zwar nach wie vor aus, will aber am Entscheidungsprozess beteiligt werden. Bei komplexen Aufgaben ist teilweise die Führungskraft sogar auf den Mitarbeiter angewiesen, weil seine Fachkompetenz zur Entscheidungsfindung unerlässlich ist.

Bei dem Mitarbeitereinsatz sind all diese Aspekte zu berücksichtigen. Ein motivierter Mitarbeiter will im Unternehmen gefordert und gefördert werden, er will seine Fachkompetenz ins Unternehmen einbringen. Wird im Rahmen der Personalführung diesen wesentlichen Aspekten zu wenig Achtung geschenkt, entstehen sehr schnell Demotivation und sinkende Leistungsbereitschaft.

4.2.3 Delegation

Ein wirksames Instrument zur Motivationssteigerung ist die Delegation von Aufgaben sowie Verantwortungen an Mitarbeiter. Anhand der Vorgabe eines Zieles bzw. einer Aufgabenstellung soll der Mitarbeiter zum eigenständigen Handel motiviert werden. Dies führt beim Mitarbeiter zu einer Identifikation mit dem Unternehmen und zu einem stärkeren Selbstwertgefühl, da der Mitarbeiter seinen individuellen Anteil zum Unternehmenserfolg beigetragen hat.

Vorraussetzung ist die gemeinsame Zielvereinbarung mit dem Mitarbeiter, wobei die festgelegten Ziele konkret sowie realistisch formuliert sein müssen und anhand von definierten Kriterien eine Erfolgskontrolle erfolgen kann. Außerdem ist es wichtig, dem Mitarbeiter alle zur Aufgabenerfüllung notwendigen Informationen sowie Anweisungen dauerhaft zukommen zu lassen. Ferner benötigt er die zur Aufgabenerfüllung notwendigen Ressourcen, Befugnisse sowie Kompetenzen.

Ein Abweichen von diesen Kriterien kann zur Orientierungslosigkeit des Mitarbeiters führen (Was soll ich machen? Warum soll ich es machen?) oder Unzufriedenheit hervorrufen, wenn die Aufgabenstellungen nicht den Fähigkeiten des Mitarbeiters entspricht (Unter-/Überforderung); im Ergebnis kann Demotivation eintreten.

4.2.4 Mitarbeiterqualifikation

In der Zeit des technologischen Fortschritts und des gesellschaftlichen Wandels wird der Mitarbeiterqualifikation, in der Personalwirtschaft als Personalentwicklung bezeichnet, eine große Bedeutung beigemessen.

Viele Unternehmen sind auf die Mitarbeiter und ihre Fachkompetenz zur Leistungserstellung angewiesen. Dabei ist es für den Unternehmenserfolg und das Bestehen am Markt unerlässlich, dass das Wissen kontinuierlich an den technologischen Fortschritt angepasst und weiterentwickelt wird. In diesem Zusammenhang wird die unternehmerische Begründung für die Mitarbeiterqualifikation (Weiter- und Fortbildung) ersichtlich. Weitere Bestandteile der unternehmerischen Zielsetzung sind:

- Berufsausbildung: Ausbildung von Nachwuchskräften, Sicherung der Schlüsselqualifikationen und des unternehmensnotwendigen Wissens
- Führungskräfteausbildung: Förderung von Nachwuchskräften, Sicherung der bestehenden Führungskultur

Neben der unternehmerischen Begründung für die Mitarbeiterqualifikation gibt es die personelle Begründung, die sich aufgrund des sozio-kulturellen und gesellschaftlichen Wandels ergibt. Die Mitarbeiter möchten sich - entsprechend ihren Neigungen und Interessen - im Unternehmen weiter qualifizieren. Hier kann es oft zu Konflikten kommen, wenn Führungskräfte eine andere berufliche Entwicklung der Mitarbeiter geplant haben oder gänzlich kein Interesse an den Mitarbeiterbedürfnissen zeigen.

4.2.5 Gestaltung der Arbeitsinhalte

Am Anfang der industriellen Produktion bestand die Auffassung, dass die strikte Trennung von Arbeitsplanung und Arbeitsausführung zu diversen Vorteilen, vor allem in Form von Spezialisierung, in der Produktion führt. Im Ergebnis wurden die Arbeitsplätze entlang des Produktionsprozesses im Unternehmen geordnet und die Fließbandarbeit eingeführt.

Der Wertewandel sowie die hohe Fachkompetenz der Mitarbeiter haben in den letzten Jahren zur Unzufriedenheit mit dieser Arbeitsform geführt und damit zum Sinken der Leistungsbereitschaft, so dass über neue Konzepte zur Gestaltung der Arbeitsinhalte nachgedacht wurde.

Im Ergebnis wurden beispielsweise die folgenden organisatorischen Neugestaltungen der Arbeitsinhalte entwickelt:

☐ **Job Enrichment**

bezeichnet die Bereicherung der Arbeitsinhalte durch Übertragung von Eigenverantwortung und Delegation von Aufgaben (qualitative Erweiterung)

☐ **Job Rotation**

bezeichnet den systematischen Arbeitsplatzwechsel innerhalb des Unternehmens, um vor allem mehr Abwechslung und breitere Aufgabenfelder im Arbeitsalltag zu erhalten

☐ **Job Enlargement**

bezeichnet die Erweiterung des Aufgabengebietes ausschließlich in Bezug auf die Tätigkeit, keine Erweiterung des Verantwortungsbereiches (quantitative Erweiterung)

4.2.6 Kontrolle

Die Kontrolle stellt immer einen Soll/Ist-Vergleich dar und ist ein Element des Führungsprozesses sowie Ausgangspunkt neuer Zielsetzungen.

Im Bereich der Mitarbeiterführung soll die Erfüllung von vereinbarten Zielen überprüft werden. Bei Abweichungen können die Ursachen in der Sach- oder in der Personalführung zu finden sein; es gilt, diese Ursachen durch organisatorische oder personelle Maßnahmen zu beseitigen.

4.3 Führungsinstrumente

 Fertigkeit das Zusammenwirken mit den Mitarbeitern zu fördern

Der Erfolg der Mitarbeiterführung ist abhängig von der Auswahl und dem Einsatz der richtigen Führungsinstrumente. Hierzu steht der Führungskraft eine breite Palette unterschiedlich ausgerichteter Instrumente zur Verfügung. Im Gegensatz zu den bereits angesprochenen Führungsmethoden, bringen Führungsinstrumente konkrete Lösungsansätze für die Fragen der Mitarbeiterführung. Der gezielte, sinnvolle Umgang mit den Instrumenten entscheidet oft über den Führungserfolg.

Im Rahmen des vorliegenden Kompendiums kann und soll nicht auf alle Führungsinstrumente eingegangen werden. Vielmehr soll ein Überblick sowie das Verständnis für die Wirkung der Instrumente vermittelt werden.

Ziel aller Instrumente ist es, das Verhalten und die Einstellung der Mitarbeiter im Sinne der Aufgabenerfüllung zu beeinflussen, zu steuern und letztendlich die Mitarbeiter zu motivieren.

Zu den wichtigsten Führungsinstrumenten zählen vor allem:

- Zielvereinbarung: ohne Ziel haben die Mitarbeiter keine Orientierung

- Motivation: die Mitarbeiter sollen positiv angeregt werden, ihr gesamtes Potential dem Unternehmen zur Verfügung zu stellen

- Delegation: führt zur Entlastung der Führungskraft und zur Motivation der Mitarbeiter

- Information: die Mitarbeiter wollen bei Unternehmensprozessen beteiligt, zumindest informiert werden

- Entwicklung: die Mitarbeiter wollen im Unternehmen wachsen, sich weiter entwickeln

Auf ein paar, der hier nicht genannten, Instrumente soll in den nächsten Kapiteln etwas näher eingegangen werden.

4.3.1 Anerkennung und Kritik

Die Führungsinstrumente "Anerkennung" und "Kritik" sind innerhalb der Mitarbeiterführung sehr sensibel und gezielt einzusetzen. Dabei ist davon auszugehen, dass jeder Mitarbeiter Anspruch auf ein Feedback zu seiner Leistung und seinem Verhalten hat.

Mit Anerkennung wird die positive Betrachtung einer erbrachten Leistung bezeichnet, die in verschiedenen Formen - Lob, Gehaltszulage oder Sonderurlaub u.a. - zum Ausdruck kommen kann. Die Anerkennung darf nicht übertrieben sein und muss zeitnah erfolgen, weil ansonsten ihre Glaubwürdigkeit und Wirkung verloren geht.

Das Gegenteil von Anerkennung ist Kritik. Jeder Mitarbeiter muss sich bewusst sein, dass konstruktive, begründete Kritik bezüglich der Aufgabenerfüllung ein Element der Mitarbeiterführung ist. Genauso sollte sich jede Führungskraft bewusst sein, dass den Mitarbeitern Fehler passieren können. Der offene Umgang mit Kritik und das Lernen aus Fehlern können bei einem entsprechenden Führungsverhalten zu einem Prozess der ständigen Verbesserung führen und somit die Wettbewerbssituation des Unternehmens am Markt stärken.

Die Gefahr von Kritik sind Konflikte, die zu dramatischen Auswirkungen im Unternehmen führen können (diesbezüglich sei an das Eisbergmodell der Unternehmenskultur erinnert). Eine Führungskraft muss aus diesem Grund in der Lage sein, Konflikte zu bewältigen. Eine Möglichkeit besteht in der geschulten Gesprächsführung bei Konfliktsituationen.

4.3.2 Mitarbeiterbeurteilung

Die Mitarbeiterbeurteilung als systematischer Prozess im Unternehmen - z.B. in Form von regelmäßigen Mitarbeitergesprächen - spielt innerhalb der Mitarbeiterführung eine sehr wichtige Rolle.

Zu den wichtigsten Aufgaben der Mitarbeiterbeurteilung zählen:

- Feedback an den Mitarbeiter bezüglich seiner Leistung und seines Verhaltens im Betrachtungszeitraum
- Planung der zukünftigen Mitarbeiterentwicklung (z.B. Stellenwechsel, Qualifikationsbedarf)

- Motivation in Form von Anerkennung für erbrachte Leistungen
- Grundlage für personelle Maßnahmen (z.B. Gehaltserhöhung)

Entsprechend der Vielfalt von möglichen Aufgaben, die eben nur auszugsweise genannt wurden, werden bei der Mitarbeiterbeurteilung folgende Anlässe unterschieden:

☐ **Leistungsbeurteilung**

Die Beurteilung richtet das Augenmerk auf die erbrachte Leistung in der Vergangenheit und ist z.B. Grundlage für die Entgeltermittlung.

☐ **Potenzialbeurteilung**

Die Beurteilung richtet das Augenmerk auf den aktuellen Qualifikationsstand und den Qualifikationsbedarf in der Zukunft und ist z.B. Grundlage für Weiterbildungsmaßnahmen.

Bei der Beurteilung können standardisierte Fragenkataloge verwendet werden, bei denen die Führungskraft einen sehr geringen oder gar keinen Beurteilungsspielraum hat. In diesem Fall wird von einer strukturierten Beurteilungsform gesprochen. Daneben gibt es die halbstrukturierte Form bei der neben Standardfragen auch individuelle Fragen sowie ein gewisser Bemessensspielraum erlaubt sind und die freie Beurteilungsform. Bei der freien Beurteilung gibt es keine Vorgaben und die Führungskraft kann eigenständige, mitarbeiterbezogene Kriterien und Fragen benutzen.

4.3.3 Arbeitszeugnis

Nach Bürgerlichem Recht sowie gegebenenfalls nach anderen arbeitsrechtlichen Bestimmungen (z.B. Tarifvertrag) ist der Arbeitgeber verpflichtet, jedem Mitarbeiter am Ende seines Beschäftigungsverhältnisses ein Arbeitszeugnis auszustellen.

Generell unterscheidet man zwei Arten von Arbeitszeugnissen. Das "qualifizierte" und das "einfache" Arbeitszeugnis.

☐ Qualifiziertes Arbeitszeugnis

Das qualifizierte Arbeitszeugnis wird am Ende der Beschäftigung ausgestellt, es legt vor allem die Leistung und das Verhalten eines Mitarbeiters dar. Daneben beinhaltet es folgende allgemeine Angaben:

- Einleitung mit den Basisinformationen zum Unternehmen, Mitarbeiter und der Art des Beschäftigungsverhältnisses
- Angaben zu den Aufgaben und der Position im Unternehmen
- Beurteilung von Leistung und Führung (fachliche, soziale Kompetenz und Führungsverhalten gegenüber Dritten)
- Schlussteil mit dem Grund des Beschäftigungsverhältnisses, dem Dank und den Zukunftswünschen
- Unterschrift, Ausstellungsdatum

Bei Auszubildenden wird am Ende der Berufsausbildung ein qualifiziertes Zeugnis ausgestellt, das vor allem erweiterte Angaben zur Berufsausbildung sowie zu den erworbenen Fertigkeiten und Kenntnisse enthält.

☐ Einfaches Arbeitszeugnis

Während eines bestehenden Beschäftigungsverhältnisses kann der Mitarbeiter ein einfaches Arbeitszeugnis (Zwischenzeugnis) verlangen, das lediglich eine Art Arbeitsbescheinigung ist. Es enthält allgemeine Angaben zum Zeitraum der Beschäftigung und der Tätigkeiten im Unternehmen. Ein Rechtsanspruch des Mitarbeiters auf Ausstellung des einfachen Arbeitszeugnisses besteht nur in Ausnahmefällen, zum Beispiel für Bewerbungen vor Ablauf eines befristeten Beschäftigungsverhältnisses.

4.3.4 Personelle Maßnahmen

Jede personelle Maßnahme bezüglich der Mitarbeiterführung setzt an der Motivation des Mitarbeiters an. Hier muss allerdings Sorgfalt das oberste Gebot sein, weil ein übermäßiger, ungezielter Einsatz zu Demotivation führen kann. Stellen Sie sich vor: Ihr Vorgesetzter würde Sie für jeden Arbeitsschritt loben oder Ihnen in anderer Form seine Anerkennung zeigen, dann käme bestimmt der Punkt, an dem Ihr Vorgesetzter für Sie an Glaubwürdigkeit verliert und Sie ihre Ruhe haben wollen.

An personellen, motivierenden Maßnahmen stehen der Führungskraft beispielsweise zur Verfügung:

- vereinbaren von angepassten Zielen
- übertragen von Aufgaben und Verantwortung (Delegation)

- gewähren von organisatorischen und zeitlichen Freiräumen
- angemessenes, respektvolles Führungsverhalten

4.4 Führungsstile

 Vertrautheit mit den Führungsgrundsätzen

Unter einem Führungsstil wird verstanden, auf welcher Art und Weise sich eine Führungskraft gegenüber den Mitarbeitern verhält, wie sein grundsätzliches Verständnis vom Instrument "Führung" geprägt ist. In einer konkreten Situation kann durchaus eine Abweichung feststellbar sein, aber der grundlegende Führungsstil wird über einen längeren Zeitraum von der Führungskraft beibehalten.

Welcher Führungsstil der richtige ist, lässt sich pauschal nicht beantworten. Ein kurzer Blick auf die Gepflogenheiten bei der Feuerwehr zeigt dies sehr anschaulich; während der einsatzfreien Zeit herrscht im Regelfall ein sehr kameradschaftliches, teamorientiertes Führungsverhalten, das im Einsatzfall im Nu zum autoritären Führungsverhalten - mit klaren Befehlen und sehr wenig Raum für Diskussionen - wechselt.

Der bereits mehrfach erwähnte Wandel innerhalb und außerhalb des Unternehmens führt auch zu ständigen Anpassungen der Führungsstile an die Bedürfnisse der Mitarbeiter und des Unternehmens. In den nachfolgenden Kapiteln werden daher nur die wichtigsten Führungsstile näher beschrieben.

4.4.1 Klassische Führungsstile

Die Merkmale der klassischen Führungsstile gehen auf die Untersuchungen von Lewin zurück. Er entwickelte und definierte anhand des Kriteriums der Mitarbeiterbeteiligung bei Entscheidungsprozessen (eindimensionale Betrachtung) die folgenden Führungsstile:

☐ Autoritärer Führungsstil

die Führungskraft führt aufgrund der hierarchischen Stellung, die Mitarbeiter müssen den Anweisungen der Führungskraft Gehorsam leisten und werden bei Entscheidungsprozessen nicht beteiligt

☐ **Kooperativer Führungsstil**

die Führungskraft führt unter Zuhilfenahme von Informationen, die Mitarbeiter werden an Entscheidungsprozessen beteiligt und übernehmen eigenständige Verantwortung für ihre Aufgaben

☐ **Laissez-fairer Führungsstil**

die Führungskraft führt nicht, sondern die Mitarbeiter entscheiden vollkommen eigenständig in Bezug auf die Sach- und Personenführung

4.4.2 Traditionelle Führungsstile

Die Merkmale der traditionellen Führungsstile gehen auf die Untersuchungen von Weber zurück. Er stellte bei seiner Entwicklung und Klassifizierung der Führungsstile die Rolle der Führungskraft in den Mittelpunkt (eindimensionale Betrachtung) und definierte die folgenden Führungsstile:

☐ **Autokratischer Führungsstil**

die Führungskraft führt aufgrund der hierarchischen Stellung (entspricht dem autoritären Führungsstil nach Lewin)

☐ **Patriarchalischer Führungsstil**

die Führungskraft führt aufgrund der gesellschaftlichen Stellung; die Führungskraft stellt für die Mitarbeiter ein Vorbild dar, dessen Anweisungen stets zu befolgen sind und für dem man lange treu und loyal dient

☐ **Charismatischer Führungsstil**

die Führungskraft führt aufgrund ihrer persönlichen Anerkennung durch die Mitarbeiter

☐ **Bürokratischer Führungsstil**

die Führungskraft führt aufgrund einer Stellenbeschreibung und ist nicht personenbezogen

4.4.3 Mehrdimensionale Führungsstile

Die bisher dargestellten eindimensionalen Führungsstile waren vor allem durch die industrielle Revolution im 19. Jahrhundert geprägt. Im 20. Jahrhundert führte die Weiterentwicklung der Führungslehre zu neuen Dimensionen des Führungsstils - die Aufgabenorientierung sowie die Mitarbeiterorientierung.

Grundlage der beiden Dimensionen ist die eingangs dargestellte Unterscheidung der Mitarbeiterführung in Sach- und Personalführung, die sich nun in den Dimensionen widerspiegelt.

Zu Beginn der Führungslehre wurden diese Führungselemente als gegensätzliche Extrempunkte auf einer Geraden angesehen. Nach der Theorie von Blake und Mouton können diese Führungsinstrumente jedoch kombiniert werden, es ist eine Führung unter Beachtung beider Dimensionen einvernehmlich möglich. Sie entwickelten hierzu ein Verhaltensgitter, das in den vier Eckpunkten extremes Führungsverhalten aufgrund Bevorzugung einer Dimension abbildet.

Aufgrund einer weiteren, differenzierten Abstufung ergeben sich bis zu 81 verschiedene Varianten des Führungsstils (vergleiche nachfolgende Abbildung).

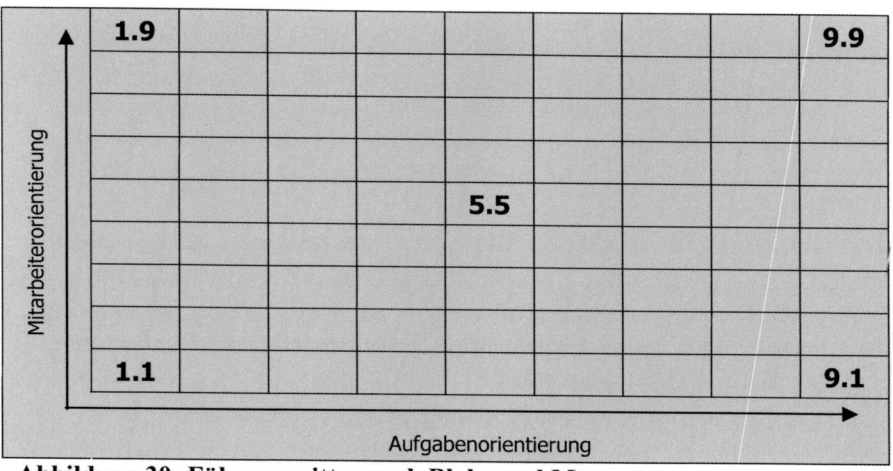

Abbildung 30: Führungsgitter nach Blake und Mouton

Die Nummerierung im Führungsgitter ist wie folgt zu interpretieren:

☐ **1.1 - Führungsverhalten**

passives Führungsverhalten; es erfolgt keine Beeinflussung der Mitarbeitermotivation, entsprechend gering ist die Leistungsbereitschaft sowie Aufgabenerfüllung durch die Mitarbeiter

☐ 1.9 - Führungsverhalten

das Führungsverhalten ist nur auf die sozialen Bedürfnisse der Mitarbeiter ausgerichtet; entsprechend hoch ist ihre Motivation, die Aufgabenerfüllung wird allerdings aus den Augen verloren

☐ 5.5 - Führungsverhalten

das Führungsverhalten versucht, durch ständige Kompromissbereitschaft Konflikten aus dem Weg zu gehen; es werden in Folge dessen nur mittelmäßige Ergebnisse in beiden Dimensionen erreicht

☐ 9.1 - Führungsverhalten

das Führungsverhalten ist ausschließlich auf die Aufgabenerfüllung ausgerichtet, die Bedürfnisse der Mitarbeiter werden vollkommen außer Acht gelassen

☐ 9.9 - Führungsverhalten

der Idealzustand des Führungsverhaltens; die Berücksichtigung aller Mitarbeiterbedürfnisse führt zu einer optimalen Aufgabenerfüllung

4.4.4 Situative Führungskonzepte

In den letzten Kapiteln wurden verschiedene Führungsstile dargestellt und erläutert, deren Einsatz verschiedene Führungserfolge bewirken können.

Die situativen Führungskonzepte gehen davon aus, dass der gezielte Einsatz eines einzelnen Führungsstils auf Dauer keine Motivation der Mitarbeiter bewirken kann; deswegen ist vielmehr ein situationsabhängiger Einsatz eines bestimmten Führungsstils gefragt (vergleiche das Beispiel mit der Feuerwehr).

Welcher Stil in der jeweiligen Situation zum Tragen kommt, ist von diversen Faktoren, wie zum Beispiel Kompetenz, Motivation und Verantwortungsbereitschaft des Mitarbeiters und auch der Führungskraft, abhängig.

Es können allerdings auch Markterfordernisse ein situatives Führungskonzept begründen. Oft verlangt der Wettbewerb nach Team- oder Projektmanagementstrukturen im Unternehmen, die eines vollkommen anderen Führungsstils bedürfen.

II. Qualifikationsbereich Rechnungswesen

5 Grundlagen des Rechnungswesens

Die Umwelt von Unternehmen ist sehr dynamisch und wird von permanenten Wechselbeziehungen, unter anderem zu Kunden, Lieferanten, Behörden oder anderen - hierfür wurde bereits der Begriff "Stakeholder" verwendet - bestimmt.

Für die betriebliche Leistungserbringung benötigt das Unternehmen die Produktionsfaktoren Boden, Arbeit und Kapital sowie von den Beschaffungsmärkten beispielsweise Waren, Betriebsanlagen oder andere betriebsnotwendige Güter bzw. Leistungen.

Die Aufwendungen und Erträge bzw. Kosten und Leistungen, die bei der betrieblichen Leistungserstellung entstehen, werden durch das Rechnungswesen erfasst und dargestellt.

Diese Zusammenhänge lassen sich zu der folgenden Abbildung systematisieren:

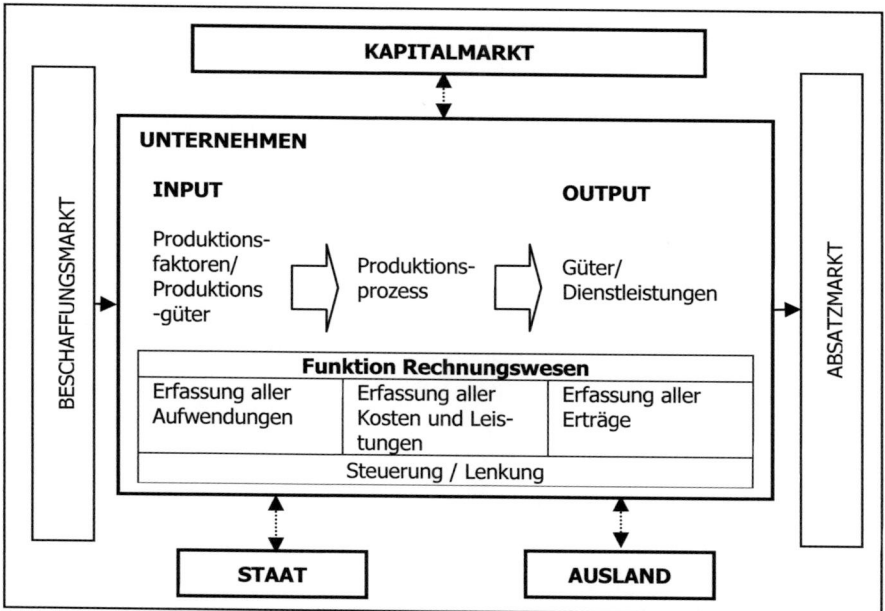

Abbildung 31: Wirtschaftsprozesse im Unternehmen

Der Produktionsprozess beginnt mit der Beschaffung der Produktionsfaktoren sowie -güter auf dem Beschaffungsmarkt und endet mit dem
Absatz der produzierten Güter sowie Dienstleistungen auf dem Absatzmarkt. Der daraus resultierende Kreislauf entspricht dem Güterstrom im
volkswirtschaftlichen Kreislaufmodell (Realgüterstrom).

Für die Beschaffung von Produktionsgütern sowie -faktoren wird Kapital
benötigt, welches durch den Erlös von Güter und Dienstleistungen auf
dem Absatzmarkt erwirtschaftet wird. Zudem bezieht das Unternehmen
für Investitionen finanzielle Mittel aus dem Kapitalmarkt oder hinterlegt
Eigenkapital auf diesem. Daraus resultiert im volkswirtschaftlichen Kreislaufmodell der Geldstrom (Nominalgüterstrom), der entgegengesetzt
zum Realgüterstrom fließt. Näheres dazu wird im späteren Kapitel "Finanzierung" ausgeführt.

Die Beziehung des Unternehmens zum Ausland wurde nur vollständig-
keitshalber in der vorstehenden Abbildung aufgeführt. Bis jetzt hat die
internationale Rechnungslegung bei den IHK-Prüfungen für Dienstleis-
tungsfachwirte keine Relevanz gehabt. Aus diesem Grund wird auf eine
Darstellung dieses Fachgebietes verzichtet und nachfolgend lediglich auf
das Rechnungswesen nach deutschem Recht eingegangen. Dabei wird
auf die aktuellen gesetzlichen Regelungen Bezug genommen, das heißt
die zu erwartenden Änderungen werden nicht berücksichtigt.

5.1   Einführung

5.1.1   Funktionen des Rechnungswesens

Wie bereits dargestellt, hat das Rechnungswesen bei der Leistungserstellung ausgehend vom Beschaffungsmarkt (Input) bis zum Absatzmarkt
(Output) unterschiedliche Funktionen wahrzunehmen.

Die Funktion des Rechnungswesens steht dabei nicht losgelöst von den
anderen Funktionen des Unternehmens (z.B. Organisation, Führung),
sondern ist mit ihnen im System der Unternehmensführung eng verbunden.

Die Aufgabe des Rechnungswesens besteht vor allem darin, die wirtschaftlichen Vorgänge aufgrund der Güter- und Finanzkreisläufe zahlen-
und wertmäßig zu erfassen sowie abzubilden (**Abbildungsfunktion**). Es
stellt damit ein umfassendes Zahlenwerk zur Verfügung, worauf andere
Bereiche - z.B. die Strategische Planung, das Controlling - zurückgreifen

können (**Informationsfunktion**). Anhand der gewonnen Erkenntnisse aus den vergangenen Betrachtungszeiträumen erlaubt das Rechnungswesen, steuernd in das künftige wirtschaftliche Geschehen im Unternehmen einzugreifen (**Steuerungsfunktion**) und trägt somit zur Sicherung des langfristigen Erfolgs sowie der Unternehmensfortführung bei.

Neben diesen grundlegenden Aufgaben hat das Rechnungswesen weitere Aufgaben zu erfüllen, zum Beispiel: Ermittlung des Unternehmenserfolges als Grundlage der Besteuerung; Bereitstellung von Informationen für die Planung und Kontrolle, ob Zielvorgaben erfüllt worden sind.

5.1.2 Gliederung des Rechnungswesen

Ausgehend vor allem aus der Abbildungs- und Informationsfunktion des Rechnungswesens und den sich daraus ergebenden unterschiedlichen Zielgruppen wird das Rechnungswesen traditionell in folgende Bereiche untergegliedert:

Finanzbuchhaltung	Betriebsbuchhaltung
Externes Rechnungswesen (Jahresabschluss, bestehend aus Bilanz und Gewinn- und Verlustrechnung)	Internes Rechnungswesen (Kosten- und Leistungsrechnung)
Dokumentation	Kalkulation
Rechenschaft	Budgetierung
Information	Steuerung
Aufwand / Ertrag	Kosten / Leistungen

Tabelle 1: Traditionelle Untergliederung des Rechnungswesens

Beide Bereiche des Rechnungswesens bedienen sich desselben Datenmaterials, nämlich aller Geschäftsvorfälle innerhalb einer Periode (im Regelfall das Geschäftsjahr), bereiten und nutzen dieses aber unterschiedlich.

☐ Finanzbuchhaltung - Jahresabschluss

Das externe Rechnungswesen ist vergangenheitsorientiert und soll vor allem externen Adressaten, Interessenten und sachkundigen Dritten einen Einblick in die Entwicklung der Vermögens-, Finanz- und Ertragslage des Unternehmens gewähren. Aus diesem Grund unterliegt es zahlreichen gesetzlichen Bestimmungen, vor allem des Handels- sowie des

Steuerrechts, und ist oft durch einen neutralen Wirtschaftsprüfer auf Richtigkeit zu kontrollieren.

Wesentliches Element ist der **Jahresabschluss**, bestehend aus:

- der Bilanz sowie der Gewinn- und Verlustrechnung bei Einzelunternehmen und Personenhandelsgesellschaften (§ 242 HGB)

- sowie einem Anhang bei Kapitalgesellschaften (§ 264 HGB) und bestimmten Personenhandelsgesellschaften(§ 264 a HGB), welcher Erläuterung zu Positionen innerhalb der Bilanz sowie der Gewinn- und Verlustrechnung liefert und angewande Ansatz- sowie Bewertungsverfahren darstellt

- bei Konzernen wird der Jahresabschluss um weitere Bestandteile ergänzt (auf diese wird nicht näher eingegangen)

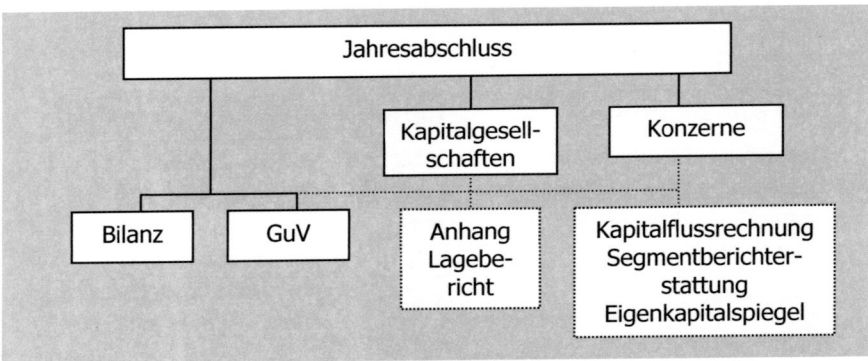

Abbildung 32: Bestandteile des Jahresabschlusses

Der Informationsgehalt des Jahresabschlusses ist im Vergleich zum internen Rechnungswesen weniger detailliert und besteht überwiegend aus zusammengefassten Zahlenangaben, entsprechend den gesetzlich vorgeschriebenen Positionen. Bei großen Kapitalgesellschaften (im Sinne des § 267 HGB) ist der Jahresabschluss zusammen mit einem Lagebericht beim Handelsregister einzureichen und im Bundesanzeiger bekannt machen zu lassen (§ 325 HGB).

Neben der allgemeinen Informationsfunktion und dem Rechenschaftsbericht gegenüber den Gläubigern oder anderen interessierten Dritten (Shareholder sowie Stakeholder) hat der Jahresabschluss die entscheidende Funktion als Besteuerungsgrundlage im Rahmen der Steuererhebung für das Unternehmen.

☐ Betriebsbuchhaltung - Kosten- und Leistungsrechnung

Das interne Rechnungswesen ist ebenfalls vergangenheitsbezogen, enthält aber auch zukunftsbezogene Instrumente und unterliegt keiner gesetzlichen Regelung, weil es ausschließlich für unternehmensinterne Informationszwecke Verwendung findet.

Das interne Rechnungswesen - in Form der Kosten- und Leistungsrechnung - dient hauptsächlich zur Ermittlung und Analyse der Selbstkosten sowie zur strategischen und operativen Steuerung des Unternehmens anhand der Gesamtkostenstruktur. Dementsprechend müssen alle Informationen über Vergangenheit, Gegenwart und Zukunft im internen Rechnungswesen sehr detailliert sein, weshalb unter anderem die im Jahresabschluss zusammengefassten Positionen aufgeschlüsselt werden.

☐ Nebenbereiche

Neben den dargestellten Bereichen des Rechnungswesens gibt es zwei unterstützende Nebenbereiche, die nicht eindeutig dem internen oder externen Rechnungswesen zugeordnet werden können.

Vergleichsrechnung (Statistik)	Planungsrechnung (Prognose)
Erstellung von internen sowie externen Vergleichen	Erstellung von Prognosen
Statistische Erhebungen	Ermittlung von Budgets

Tabelle 2: Nebenbereiche des Rechnungswesens

5.2 Gesetzliche Grundlagen

In der Gesetzgebung bestehen nur für das externe Rechnungswesen - wegen seiner Aufgaben gegenüber verschiedenen externen Interessenten - umfassende gesetzliche Regelungen.

Die gesetzlichen Regelungen sind sowohl im Handelsrecht (Handelsgesetzbuch) als auch im Steuerrecht (Abgabenordnung, Einkommenssteuergesetz, Körperschaftsteuergesetz etc.) verankert.

5.2.1 Buchführungspflicht nach Handelsrecht

Das Handelsgesetzbuch (HGB) ist die zentrale Rechtsnorm im deutschen Handelsrecht. Es knüpft die Verpflichtung zur Buchführung und zum Jahresabschluss hauptsächlich an die Kaufmannseigenschaft.

Für alle Kaufleute ergibt sich aus § 238 HGB die Verpflichtung zur Buchführung und Rechnungslegung. Demnach ist jeder Kaufmann verpflichtet Bücher zu führen, in denen seine Handelsgeschäfte und die Lage seines Vermögens nach den Grundsätzen der ordnungsmäßigen Buchführung ersichtlich sind. Weiterhin muss die Buchführung so beschaffen sein, dass ein sachverständiger Dritter innerhalb angemessener Zeit einen Überblick über die Geschäftsvorfälle sowie die Lage des Unternehmens erhält.

Das HGB definiert folgende Kaufmannsbegriffe:

☐ **Ist-Kaufmann**
Ist-Kaufmann ist nach § 1 HGB jeder, der ein Handelsgewerbe (Gewerbebetrieb) betreibt

☐ **Kann-Kaufmann**
Kann-Kaufmann ist nach § 2 HGB jeder, dessen Firma ins Handelsregister eingetragen ist, dazu zählen auch Kleingewerbetreibende (§ 52 HGB) und Betriebe der Land- und Forstwirtschaft (§ 53 HGB).

☐ **Form-Kaufmann**
Form-Kaufmann sind nach § 6 HGB Handelsgesellschaften, also Kaufleute kraft Rechtsform (z.B. AG, GmbH, eingetragene Genossenschaft)

5.2.2 Buchführungspflicht nach Steuerrecht

Die Ergebnisse des externen Rechnungswesens sind für steuerliche Zwecke ebenfalls von Interesse. Aus diesem Grund wird eine Verpflichtung zur Buchführung auch in der Abgabenordnung geregelt (§§ 140 ff. AO). Das Steuerrecht unterscheidet dabei zwischen:

☐ **Derivativer Buchführungspflicht**
jeder Kaufmann nach HGB muss Handelsbücher auch für steuerliche Zwecke führen (§ 140 AO)

☐ **Originärer Buchführungspflicht**
eigenständige Buchführungs- und Rechnungslegungspflicht unabhängig von der Kaufmannseigenschaft (§ 141 AO)
Die originäre Buchführungspflicht entsteht vor allem beim Überschreiten bestimmter Grenzen, z.B. bei Umsätzen größer als 500.000 Euro bzw. Gewinn aus Gewerbebetrieb oder Land- und Forstwirtschaft größer als

50.000 Euro sowie in Verbindung mit steuerlichen Privilegien, z.B. eingetragene Vereine, Stiftungen.

☐ Keine Buchführungspflicht

Keine Buchführungspflicht nach Steuerrecht besteht bei freien Berufen, z.B. Architekten, Ärzten oder wenn der Jahresumsatz bzw. Gewinn unter die genannten Grenzen fällt. In diesen Fällen wird der zu versteuernde Gewinn mittels einer Einnahmenüberschussrechnung ermittelt.

5.2.3 Grundsätze ordnungsmäßiger Buchführung

Mit der gesetzlichen Verpflichtung zur Buchführung und Erstellung eines Jahresabschlusses geht die Einhaltung der Grundsätze ordnungsmäßiger Buchführung (GoB) einher. Hier kann es zu Missverständnissen kommen, weil in diesem Zusammenhang unter Buchführung nicht nur die lückenlose Erfassung sowie Buchung aller Geschäftsvorfälle, sondern auch die Grundsätze zur Inventur sowie Bilanzierung und Bewertung verstanden werden.

Die Grundsätze ordnungsmäßiger Buchführung sollen ein geschlossenes und geordnetes sowie einheitliches Abrechnungssystems gewährleisten, in dem die Geschäftsvorfälle eines Jahres sich vom Beleg über die Konten bis hin zum Jahresabschluss verfolgen lassen. Das grundlegende Ziel ist die Dokumentation sowie die Vermittlung der wirtschaftlichen Lage eines Unternehmens, so dass ein sachverständiger Dritter diese in angemessener Zeit verstehen und nachvollziehen kann (§ 238 HGB).

Auf die GoB wird in den verschiedenen gesetzlichen Regelungen und fachliche Publikationen (z.B. der Wirtschaftsverbände) zum Rechnungswesen regelmäßig Bezug genommen, obwohl diese Grundsätze weder im Handelsrecht noch an anderer Stelle abschließend definiert sind. Das Abweichen von diesen Grundsätzen kann allerdings zu drastischen Geldstrafen durch die zuständigen Behörden führen und unter anderem eine Schätzung der Besteuerungsgrundlage bewirken.

Die GoB können unterteilt werden in:

☐ Allgemeingültige Grundsätze

Die oberen, allgemeingültigen Grundsätze sollen vor allem die Aussagekraft, Vergleichbarkeit und das Verständnis des Jahresabschlusses garantieren. Hierzu soll neben der formellen und materiellen Ordnungsmäßigkeit - beispielhaft keine Buchung ohne Beleg, Aufzeichnung in einer lebenden Sprache, Beachtung der Aufbewahrungsfristen - die folgenden Aspekte eingehalten werden:

- **Richtigkeit:** die einzelnen Vermögensgegenstände und Schulden sind in Art, Menge und Wert richtig und zweifelsfrei zu erfassen

- **Willkürfreiheit:** die vorhandenen rechtlichen Spielräume dürfen nicht überschritten und willkürlich, ohne die entsprechenden Nutzungsargumente, genutzt werden

- **Klarheit:** Beachtung der Gliederungsvorschriften der Bilanz sowie der Gewinn- und Verlustrechnung; klare Struktur des Anhangs und des Lageberichts

- **Vollständigkeit:** sämtliche Vermögensgegenstände und Schulden sowie alle Aufwendungen und Erträge sind in der Bilanz bzw. in der Gewinn- und Verlustrechnung auszuweisen; die Pflichtangaben im Anhang und Lagebericht müssen enthalten sein

- **Abgrenzung:** alle Aufwendungen und Erträge des Geschäftsjahres sind periodengerecht und unabhängig vom tatsächlichen Zahlungszeitpunkt im Jahresabschluss zu erfassen

☐ Spezielle Grundsätze

Die unteren, speziellen Grundsätze gewährleisten die ordnungsgemäße Erstellung des Jahresabschlusses, tragen also dafür Sorge, dass die Inventur und das Inventar, die eigentliche Buchführung sowie die Bilanzierung und Bewertung den rechtlichen Vorgaben bzw. den anerkannten Regeln entsprechen. Auf die Inhalte der speziellen Grundsätze wird später etwas näher eingegangen.

Eine zusammengefasste Übersicht der allgemeinen und der speziellen GoB enthält die nachfolgende Abbildung.

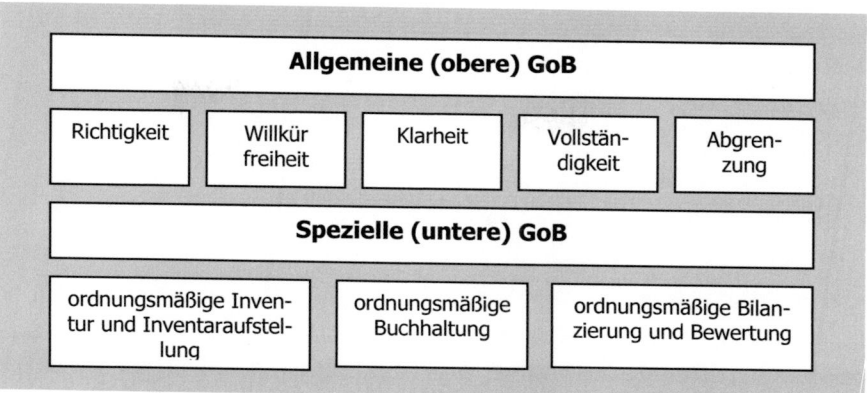

Abbildung 33: Grundsätze ordnungsmäßiger Buchführung

5.3 Bilanz

 Kenntnis der Inhalte und Gliederung des Inventars und der Bilanz

In einem Unternehmen kann es verschiedene Bilanzen geben, die unterschiedlichen Interessenten dienen sollen. Die Bilanz, die ausschließlich für externe Zwecke bestimmt ist, unterliegt strengen handels- und steuerrechtlichen Gesetzesvorschriften. Sie wird daher auch Handels- bzw. Steuerbilanz genannt.

Wie bereits aufgeführt, bilden die Bilanz sowie die Gewinn- und Verlustrechnung den Jahresabschluss bei Einzelunternehmen und Personenhandelsgesellschaften; bei Kapitalgesellschaften und bestimmten Personenhandelsgesellschaften wird der Jahresabschluss nach den handelsrechtlichen Vorschriften um einen Anhang erweitert.

Im folgenden Kapital sollen hauptsächlich die Grundlagen der Handelsbilanz sowie ergänzend Besonderheiten der Steuerbilanz dargelegt werden.

5.3.1 Inventur

Die Inventur ist die mengen- und wertmäßige Bestandsaufnahme aller Vermögensgegenstände (Aktiva) und Schulden (Passiva) eines Unternehmens zu einem bestimmten Zeitpunkt.

Körperliche Inventur ist die mengenmäßige Bestandsaufnahme durch Zählen, Wiegen oder andere anerkannte Verfahren. Die **Buchinventur**

hingegen ist die wertmäßige Bestandsaufnahme anhand von Aufzeichnungen und Belegen.

Die Inventur kann nach dem Handelsgesetzbuch in verschiedenen Formen durchgeführt werden:

- Stichtagsinventur
- Verlegte Inventur
- Permanente Inventur
- Stichprobeninventur

Im Bereich der Inventur sowie der nachfolgend beschriebenen Inventaraufstellung gelten insbesondere die folgenden speziellen Grundsätze ordnungsmäßiger Buchführung.

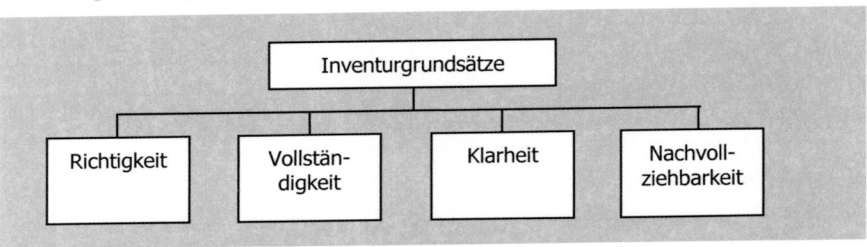

Abbildung 34: Allgemeine Inventurgrundsätze

▢ Richtigkeit und Vollständigkeit

Die mengen- und wertmäßige Bestandsaufnahme muss alle Vermögensgegenstände und Schulden in ihrer tatsächlichen Menge und Wert erfassen, es darf nichts verschwiegen oder hinzugefügt werden.

▢ Klarheit und Nachvollziehbarkeit

Es sind alle Vermögensgegenstände und Schulden einzeln und so zu erfassen, das sachkundige Dritte die aufgeführten Positionen verstehen und im Unternehmen wieder finden können.

5.3.2 Inventar

Die durch die Inventur ermittelten Vermögensgegenstände und Schulden werden im Inventar zusammengestellt. Das Inventar muss zu Beginn der handelsrechtlichen Tätigkeit und zum Ende eines jeden Geschäftsjahres aufgestellt werden (§ 240 HGB).

Zweck des Inventars ist, ein detailliertes Bestandsverzeichnis aller Vermögensgegenstände und Schulden, die sich im wirtschaftlichen Eigentum des Unternehmens zu einem bestimmten Zeitpunkt befinden und diesem als Betriebsvermögen dienen, in Menge, Art und Wert aufzustellen.

Entscheidendes Kriterium beim wirtschaftlichen Eigentum ist, ob das Vermögen oder die Schulden in direkter Beziehung zur betrieblichen Verwendung stehen.

Eine detaillierte Gliederung des Inventars ist im Handelsgesetzbuch nicht vorgegeben. Es ist jedoch üblich. das Inventar staffelförmig aufzubauen und übersichtlich zu gliedern. Das Inventar besteht aus den Bestandteilen:

- **Vermögen** (Anlage- und Umlaufvermögen)
- **Schulden** (langfristige, kurzfristige Schulden)

Der Differenzbetrag zwischen Vermögen und Schulden ergibt das **Reinvermögen** des Unternehmens.

Die Vermögenswerte und Schulden werden nach ihrer Liquidität bzw. Fälligkeit geordnet. Bei den Vermögensgegenständen sind die weniger liquiden Posten (z.B. Gebäude) zuerst, die mit der höchsten Liquidität (z.B. Kassen- und Bankbestände) an letzter Stelle aufzuführen. Bei den Schulden werden die langfristigen Schulden vor den kurzfristigen aufgeführt.

Neben der Liquidität wird zum Beispiel bei der Gliederung der Vermögensgegenstände danach unterschieden, ob es sich um Sachen und Rechte, Mobilien oder Immobilien handelt sowie danach, ob sie zur Sicherung von Schulden eingesetzt werden oder nicht.

5.3.3 Inhalt und Gliederung der Bilanz

Nach § 242 HGB ist eine Bilanz sowohl zu Beginn der handelsrechtlichen Tätigkeit (Eröffnungsbilanz) als auch für den Schluss eines jeden Geschäftsjahres (Schlussbilanz) aufzustellen. Grundlage für die Erstellung dieser handelsrechtlichen Bilanzen sind einerseits das Inventar und anderseits die Ergebnisse der permanenten Finanzbuchführung (auf die später eingegangen wird).

In der Bilanz werden die Vermögensgegenstände und Schulden in einer Kontoform zusammengefasst gegenübergestellt. Es soll damit das oft sehr umfassende Inventar (je nach Unternehmensgröße kann das Inventar zahlreiche Ordner füllen) übersichtlich gestaltet werden.

Ein sachkundiger Dritter kann somit auf einen Blick erkennen, woher das Kapital stammt (Finanzierungsseite) und in welcher Form es im Unternehmen angelegt wurde (Investitionsseite). Werden die Angaben des Berichtsjahres um die Angaben des Vorjahres erweitert, erhöht sich der Informationsgehalt der Bilanz. Die Bilanz steht aus diesem Grund im Zentrum des handelsrechtlichen Jahresabschlusses.

☐ Allgemeine Form- und Gliederungsvorschriften

In der handelsrechtlichen Bilanz werden für die Vermögensgegenstände (Positionen auf der linken Seiten der in Kontoform aufgestellten Bilanz) der Begriff "**Aktiva**" und für das Eigenkapital und die Schulden (Positionen auf der rechten Seite der in Kontoform aufgestellten Bilanz) der Begriff "**Passiva**" verwendet.

Beide Seiten der Bilanz müssen per Definition immer ausgeglichen sein, d.h. die Bilanzsumme ist stets gleich groß. Die sich bei der Gegenüberstellung ergebende Differenz zwischen Vermögensgegenständen und Schulden ist das Eigenkapital des Unternehmens, was wertmäßig gleich dem Reinvermögen gemäß Inventar sein muss.

Die Grobgliederung der Aktiva und Passiva ist nach Handelsrecht (§§ 247 und 266) wie folgt:

Aktiva (Mittelverwendung)	Passiva (Mittelherkunft)
A. Anlagevermögen - Immaterielles Anlagevermögen - Sachanlagen - Finanzanlagen	A. Eigenkapital
B. Umlaufvermögen - Warenvorräte - Forderungen - Kasse	B. Rückstellungen
C. Rechnungsabgrenzungsposten	C. Verbindlichkeiten
	D. Rechnungsabgrenzungsposten

Tabelle 3: Gliederungsschema einer Bilanz (§ 266 HGB)

☐ Spezielle Form- und Gliederungsvorschriften

Die genaue Gliederung der Bilanz bzw. der Inhalt der Bilanzpositionen werden durch die §§ 246 ff. und §§ 264 ff. HGB näher geregelt. Die Vorgaben des HGB legen eine zwingende Mindestgliederung fest, die für Einzelunternehmen und Personenhandelsgesellschaften ausreichend sind. Für Kapitalgesellschaften gelten erweiterte Gliederungsvorschriften.

Jede Bilanz ist vom Geschäftsführer (Vorstand) mit Angabe von Ort und Datum zu unterschreiben.

5.4 Bilanzierung

In die Bilanz kann nicht ohne weiteres alles aufgenommen werden, was im Unternehmen an Vermögensgegenständen oder Schulden vorhanden ist. In diesem Zusammenhang wird von der Bilanzierung im engeren Sinne, also von der Aufnahme von Positionen in die Bilanz, gesprochen.

Die Handels- und Steuergesetzgebung setzen für die Aufnahme in die Bilanz das Vorliegen der Bilanzierungsfähigkeit von Vermögensgegenständen und Schulden voraus. Dabei kann es

* eine Bilanzierungspflicht oder
* ein Bilanzierungswahlrecht

geben (vergleiche Kapitel 4.4.2 und 4.4.3).

Vom besonderen Interesse sind die Bilanzierungswahlrechte, die einen bilanzpolitischen Spielraum zur Gestaltung des Vermögens- und Erfolgsausweises gestatten; dieser Spielraum wird in der Praxis unterschiedlich genutzt und kann zum Beispiel auf die Besteuerung des Unternehmens Einfluss haben.

Die Bilanzierung von Positionen auf der Aktivseite der Bilanz wird als **Aktivierung**, von Positionen auf der Passivseite als **Passivierung** bezeichnet. Vermögensgegenstände, die im Eigentum Dritter stehen oder die zum Privatvermögen gehören, dürfen nicht aktiviert werden. Im Gegenzug sind auch Verbindlichkeiten Dritter und private Schulden des Unternehmers nicht passivierungsfähig.

5.4.1 Allgemeine Bilanzierungsgrundsätze

Die Grundsätze ordnungsmäßiger Buchführung werden durch die folgenden Bilanzierungsgrundsätze erweitert:

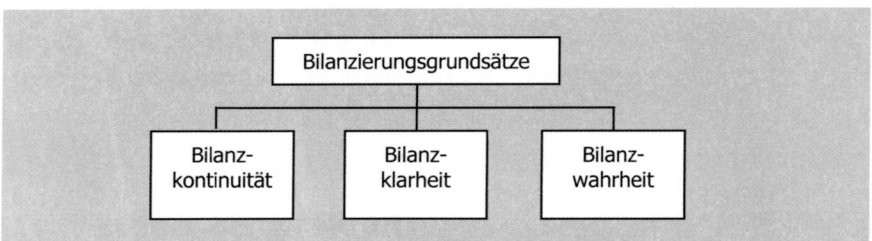

Abbildung 35: Allgemeine Bilanzierungsgrundsätze

☐ Bilanzkontinuität

die Eröffnungsbilanz des Berichtsjahres muss in allen Punkten formell und materiell mit der Schlussbilanz des Vorjahres übereinstimmen

☐ Bilanzklarheit

die Gliederungsvorschriften der Bilanz sind einzuhalten, der Inhalt muss klar und übersichtlich sowie einem sachverständigen Dritten verständlich sein

☐ Bilanzwahrheit

die Bilanz soll vor allem nicht nur rechnerisch, sondern auch inhaltlich stimmen

5.4.2 Aktivierungsvorschriften

Aktivierungspflicht
• alle materiellen Vermögensgegenstände (§ 246 Abs.1 HGB)
• alle entgeltlich erworbenen immateriellen Vermögensgegenstände (§ 246 Abs.1 HGB)
• Rechnungsabgrenzungsposten (§§ 247,250 Abs.1 HGB)
Aktivierungswahlrecht
• Disagio als Rechnungsabgrenzungsposten (§ 250 Abs.3 HGB)
• derivativer Firmenwert (§ 255 Abs.4 HGB)
• Ingangsetzungs- u. Erweiterungsaufwendungen bei Kapitalgesellschaften (§ 269 HGB)
• aktive latente Steuern als Bilanzierungshilfe bei Kapitalgesellschaften (§ 274 Abs.2 HGB)

Aktivierungsverbot

- Gründungsaufwendungen (§ 248 Abs.1 HGB)
- Aufwendungen für Eigenkapitalbeschaffungen (§ 248 Abs.1 HGB)
- nicht entgeltlich erworbenen immateriellen Vermögensgegenstände /originärer Firmenwert (§ 248 Abs.2 HGB)

Tabelle 4: Aktivierungsvorschriften nach HGB

Für den Ansatz in der Steuerbilanz gilt allgemein Folgendes: was handelsrechtlich aktiviert werden darf, muss steuerlich bilanziert werden.

5.4.3   Passivierungsvorschriften

Passivierungspflicht

- Eigenkapital, Fremdkapital (§ 247 Abs.1 HGB)
- Rechnungsabgrenzungsposten (§§ 247,250 Abs.2 HGB)
- Rückstellungen für sichere Verbindlichkeiten (§ 246 Abs.1 HGB)
- Rückstellungen für alle ungewissen Verbindlichkeiten gegenüber Dritten und für drohende Verluste aus schwebenden Geschäften (§ 246 Abs.1 HGB)
- Rückstellungen für unterlassene Instandhaltung bis zum 4. Monat Durchführung (§ 249 Abs.1 HGB)
- Rückstellungen für Abraumbeseitigung (§ 246 Abs.1 HGB)

Passivierungswahlrecht

- Rückstellungen für unterlassene Instandhaltung - ab dem 4. bis 12.Monat Durchführung (§ 249 Abs.1 HGB)
- Rückstellungen für konkrete, in der Vergangenheit wirtschaftlich verursachte Aufwendungen (§ 249 Abs.2 HGB)
- Sonderposten mit Rücklageteil bei Kapitalgesellschaften (§§ 247,273 HGB)

Passivierungsverbot

- Gründungsaufwendungen (§ 248 Abs.1 HGB)
- Aufwendungen für Eigenkapitalbeschaffungen (§ 248 Abs.1 HGB)
- nicht entgeltlich erworbenen immateriellen Vermögensgegenstände /originärer Firmenwert (§ 248 Abs.2 HGB)
- Aufwendungen für den Abschluss von Versicherungsverträgen (§ 248 HGB)
- andere als die in § 249 Abs.1 und 2 genannten Rückstellungen (§ 249 Abs.3 HGB)

Tabelle 5: Passivierungsvorschriften nach HGB

Für den Ansatz in der Steuerbilanz gilt allgemein Folgendes: was handelsrechtlich nicht passiviert werden muss, darf steuerlich nicht bilanziert werden.

5.5 Bewertung

Die Bewertung legt den Wertansatz fest, mit dem ein aktiver oder passiver Posten in der Bilanz aufgenommen wird.

Der Ermessensspielraum des Unternehmens wird durch handels- und steuerrechtliche Gesetze stark eingeengt. Grundsätzlich steht im Handelsrecht der Schutz der Gläubiger im Vordergrund, weshalb das Vermögen nicht zu hoch und die Schulden nicht zu niedrig bewertet werden dürfen. Im Steuerrecht steht hingegen im Vorderrund die Ermittlung des periodengerechten Gewinns, welcher die Grundlage für die Besteuerung des Unternehmens ist.

Für alle Unternehmen, unabhängig von ihrer Rechtsform, gelten im Allgemeinen die nachfolgenden Bewertungsgrundsätze sowie Bewertungsvorschriften.

5.5.1 Grundsatz der Maßgeblichkeit

Nach dem Steuerrecht ist die nach handelsrechtlichen Vorschriften erstellte Bilanz (Handelsbilanz), mit ihren Wertansätzen, zugleich maßgebend für die Bilanzierung in der Steuerbilanz, sofern steuerliche Vorschriften nicht eine andere Bewertung zwingend vorschreiben (§ 5 Abs. 1 EStG). Man spricht in diesem Zusammenhang von der Maßgeblichkeit der Handelsbilanz für die Steuerbilanz - Grundsatz der Maßgeblichkeit.

Umgekehrt ist es nach Handelsrecht zulässig, in der Handelsbilanz Vermögensgegenstände mit ihrem Wert anzusetzen, der für die Steuerbilanz gilt (§ 254 HGB). In diesem Fall spricht man von der Maßgeblichkeit der Steuerbilanz für die Handelsbilanz - Grundsatz der umgekehrten Maßgeblichkeit.

5.5.2 Allgemeine Bewertungsgrundsätze

Das Handelsrecht schreibt in den §§ 252 ff. HGB die allgemeinen Bewertungsgrundsätze sowie Bewertungsvorschriften vor, welche die obersten Grundsätze der Buchführung präzisieren.

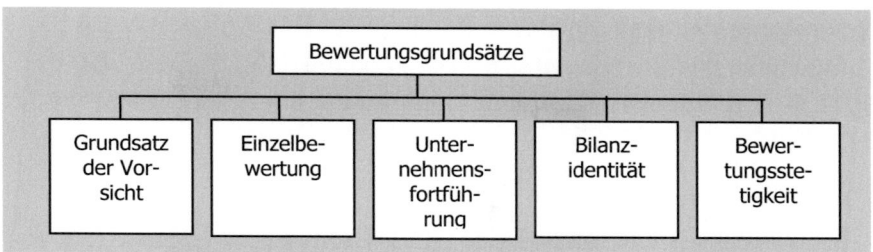

Abbildung 36: Allgemeine Bewertungsgrundsätze (Auszug)

Die wichtigsten Bewertungsgrundsätze sollen nachfolgende näher erläutert werden:

☐ Grundsatz der Vorsicht

der Grundsatz der Vorsicht steht bei den Bewertungsgrundsätzen an erster Stelle, von ihm leiten sich weitere Bewertungsprinzipien ab:

- Realisationsprinzip: nicht realisierte Gewinne dürfen nicht ausgewiesen werden
- Imparitätsprinzip: nicht realisierte Verluste müssen ausgewiesen werden, zum Beispiel durch Bildung von Rückstellungen
- Niederstwertprinzip: Aktivpositionen (Vermögensgegenstände) müssen mit dem niedrigsten Wertansatz bewertet werden
- Höchstwertprinzip: Passivpositionen (Rückstellungen, Verbindlichkeiten) müssen mit dem höchsten Wertansatz bewertet werden

☐ Einzelbewertung

jedes Wirtschaftsgut (Bilanzposition) ist einzeln am Bilanzstichtag zu bewerten; dabei dürfen nur die gesetzlich erlaubten Vereinfachungsverfahren angewendet werden

☐ Unternehmensfortführung

es ist bei der Bewertung grundsätzlich davon auszugehen, dass das Unternehmen nach Ende des Geschäftsjahres fortbesteht und die bewerteten Vermögens- und Kapitalpositionen im Unternehmen verbleiben

☐ Bilanzidentität

die Eröffnungsbilanz des Berichtsjahres muss in jeder Position wert- und zahlenmäßig mit der Schlussbilanz des Vorjahres übereinstimmen

☐ Bewertungsstetigkeit

die gewählte Bewertungsmethode muss beibehalten werden, um Vergleiche über mehrere Geschäftsperioden zu erlauben und Willkür in der Bewertung zu unterbinden

5.5.3 Umlaufvermögen

Für die handelsrechtliche Bewertung des Umlaufvermögens gilt das **strenge Niederstwertprinzip** (§ 253 Abs.3 HGB). Danach hat die Bewertung mit dem niedrigsten Wert zum Bilanzstichtag zu erfolgen. Dieser entspricht im Regelfall den Anschaffungs- bzw. Herstellungskosten. Liegt der marktübliche Wert oder der Börsenwert zum Stichtag unterhalb dieser Kosten, dann ist der tagesaktuelle Markt- oder Börsenwert anzusetzen.

Es ist zu beachten, dass nach dem Realisationsprinzip Gewinne - wenn der Markt- bzw. Börsenwert über den Anschaffungs- bzw. Herstellungskosten liegt - bei der Bewertung nicht berücksichtigt werden dürfen. Verluste, die entstehen, wenn der Markt- bzw. Börsenwert unter den Anschaffungs- bzw. Herstellungskosten liegt, müssen hingegen nach dem Imparitätsprinzip bei der Bewertung berücksichtigt werden.

Zur Vereinfachung der Bewertung des Umlaufvermögens, welche gleichartig oder ähnlich sind, erlaubt der Gesetzgeber einige Verfahren zur Vereinfachung, die wichtigsten werden kurz vorgestellt.

☐ Durchschnittsbewertung

Bei gleichartigen oder annähernd gleichwertigen Vermögensgegenständen des Vorratsvermögens, die gewogen, gemessen oder gezählt werden sowie unterjährig bei der Beschaffung starken Preisschwankungen unterliegen (z.B. Roh-, Hilfs- und Betriebsstoffe), ist nach Handels- und Steuerrecht eine Durchschnittsbewertung als mathematisch-statistisches Schätzverfahren erlaubt (§ 240 Abs.4 HGB). Die Durchschnittsbewertung vereinfacht erheblich die Aufstellung des Inventars.

Während des Geschäftsjahres werden diese Vermögensgegenstände im Regelfall anhand der tatsächlichen Kosten für ihre Anschaffung oder Herstellung bilanziert. Bei der Bewertung zum Bilanzstichtag wird dagegen das gewogene Mittel der unterjährigen Anschaffungs- oder Herstellkosten und Mengen ermittelt; dieser Wert und die bei der Inventur festgestellte Menge am Bilanzstichtag ergeben den Wertansatz in der Bilanz.

☐ Festwertbewertung

Die Vermögensgegenstände des Sachanlagevermögens sowie Roh-, Hilfs- und Betriebsstoffe können, wenn ihr Bestand in seiner Größe, seinem Wert und seiner Zusammensetzung nur geringen Veränderungen unterliegt, mit einer gleich bleibenden Menge und einem gleich bleibenden Wert angesetzt werden (§ 240 Abs.3 HGB).

☐ Verbrauchsfolgeverfahren

Bei der Bewertung gleichartiger Vermögensgegenstände des Umlaufvermögens, welche permanent verbraucht werden, kann eine bestimmte Verbrauchsfolge unterstellt werden. Es wird davon ausgegangen, dass der stichtagsbezogene Bestand des Umlaufvermögens zu verschiedenen Zeitpunkten, in verschiedenen Mengen und zu unterschiedlichen Anschaffungskosten beschafft wurde.

Bei den Verbrauchsfolgeverfahren wird zur einfacheren Bewertung des Umlaufvermögens unterstellt, dass der Bestand am Bilanzstichtag nach festgelegten Regeln entstanden ist und somit den stichtagsbezogenen Mengen entsprechende Anschaffungskosten zugerechnet werden können.

Handelsrechtlich sind nach § 256 HGB insbesondere folgende Verbrauchsfolgeverfahren anwendbar:

- First-in-First-out (FIFO)

  Das zuerst beschaffte Material wird auch zuerst verbraucht. Der Bestand am Bilanzstichtag entspricht den zuletzt beschafften Mengen und den (aktuellen) Beschaffungspreisen zu diesem Zeitpunkt.

- Last-in-First-out (LIFO)

  Das zuletzt beschaffte Material wird zuerst verbraucht. Der Bestand am Bilanzstichtag entspricht den zuerst beschafften Mengen und den Beschaffungspreisen zu diesem zurückliegenden Zeitpunkt.

- Lowest-in-First-out (LOFO)

  Das Material mit den niedrigsten Beschaffungspreisen wird zuerst verbraucht. Am Bilanzstichtag ist nur das teurere Material im Bestand und es wird daher mit den höchstmöglichen Wertansatz bewertet.

- Highest-in-First-out (HIFO)

Das Material mit den höchsten Beschaffungspreisen wird zuerst verbraucht. Am Bilanzstichtag ist nur das billigere Material im Bestand und es wird daher mit dem niedrigstmöglichen Wertansatz bewertet.

Unabhängig von der gewählten Verbrauchsfolge ist bei der handelsrechtlichen Bewertung das strenge Niederswertprinzip zu beachten. Das Steuerrecht erlaubt nur die Bewertung nach dem Verbrauchsfolgeverfahren Last-in-First-out (§ 6 Abs.1 EStG).

5.5.4 Nicht abnutzbares Anlagevermögen

Das nicht abnutzbare Anlagevermögen beinhaltet bilanziell im wesentlichen Grundstücke und Finanzanlagen von Unternehmen. Hier wird davon ausgegangen, dass ein Wertverlust nicht stattfindet und daher keine Abschreibung erfolgen darf.

In die Bilanz wird das nicht abnutzbare Anlagevermögen zu den Anschaffungskosten bilanziert. Sollte der Wert des nicht abnutzbaren Anlagevermögens zeitlich befristet unter die Anschaffungskosten fallen, so kann handelsrechtlich der niedrigere Marktpreis bzw. Börsenwert angesetzt werden (§ 252 Abs.2 HGB). Im Falle einer dauerhaften Wertminderung muss der niedrigere Marktpreis bzw. Börsenwert angesetzt werden (**gemildertes Niederstwertprinzip**).

Steuerlich ist der Ansatz des niedrigeren Wertes nur bei einer voraussichtlich dauernden Wertminderung zulässig (§ 6 Abs. 1 Nr. 1 EStG).

5.5.5 Abnutzbares Anlagevermögen

Die abnutzbaren Vermögensgegenstände des Anlagevermögens, hauptsächlich das materielle Anlagevermögen in Form von Maschinen, Fahrzeugen oder anderen Betriebsmitteln, werden während des Produktionseinsatzes abgenutzt bzw. verlieren durch die Nutzung an Wert (technischer Wertverlust). Bei anderen Vermögensgegenständen, z.B. Computer, ist der Wertverlust vor allem durch den technologischen Fortschritt begründet (wirtschaftlicher Wertverlust).

Handelsrechtlich wird die Wertminderung in Form von Abschreibungen auf die Anschaffungs- bzw. Herstellungskosten ausgedrückt. Im Steuerrecht wird von Absetzung für Abnutzung (AfA) gesprochen. In den so genannten AfA-Tabellen wird die Nutzungsdauer eines jeden abnutzbaren Wirtschaftsgutes aufgelistet; entsprechend dieser gesetzlich vorge-schriebenen Nutzungsdauer ist eine Abschreibung statthaft. Selbstver-ständlich darf nach dieser Zeit der Vermögensgegenstand im Unter-nehmen weiter verbleiben, er besitzt bilanziell aber keinen Wert mehr.

Bei Wirtschaftsgütern mit Anschaffungs- oder Herstellungskosten bis 150 Euro schreibt das Steuerrecht neuerdings die sofortige Abschrei-bung vor. In diesem Fall erscheint das Wirtschaftsgut nicht in der Bilanz. Liegen die Kosten über 150 Euro und unter 1000 Euro, können diese geringwertige Wirtschaftsgüter in einen Sammelposten aufgenommen werden und über 5 Jahre linear abgeschrieben werden.

Für die Abschreibung von Wirtschaftsgütern über 1000 Euro stehen dem Unternehmen seit Beginn des Jahres 2008 nur noch die lineare und die leistungsbezogene Abschreibungsmethode zur Verfügung; die de-gressive Abschreibung ist steuerlich nicht mehr zulässig und wird daher hier nicht erläutert.

☐ Lineare Abschreibung

Die Anschaffungs- oder Herstellungskosten werden über die Nutzungs-dauer gemäß Afa-Tabelle regel- und planmäßig abgeschrieben. Der Abschreibungsbetrag bleibt über diese Zeit konstant, der abnutzbare Vermögensgegenstand verliert linear an Wert.

Beispiel: die amtliche Nutzungsdauer eines PC beträgt 3 Jahre, bei ei-nem fiktiven Anschaffungspreis von 1.200 Euro beträgt die jährliche lineare Abschreibung:

$$400 \text{ Euro} = \frac{1.200 \text{ Euro}}{3 \text{ Jahre}}$$

Das bedeutet, der PC verliert jedes Jahr 400 Euro an Wert und ist nach 3 Jahren bilanziell gesehen wertlos.

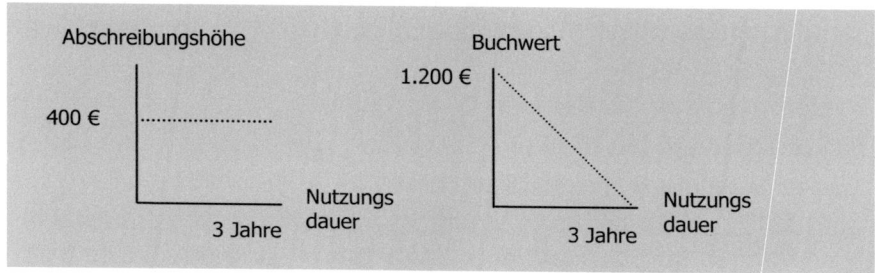

Abbildung 37: Rechenbeispiel für die lineare Abschreibung

☐ Leistungsbezogene Abschreibung

In den seltenen Fällen einer übermäßig starken Abnutzung der Wirtschaftsgüter kann von der linearen Abschreibung abgewichen werden, es wird dann von der Abschreibung für Substanzverringerung (AfS) gesprochen. Die Anwendung ist jedoch nur auf bestimmte Unternehmen beschränkt, zum Beispiel Kieswerke.

Die Höhe der Abschreibung wird in diesen Fällen aus der Jahresleistung des Wirtschaftsgutes im Verhältnis zur geplanten Gesamtleistung während der betriebsgewöhnlichen Nutzungsdauer im Unternehmen ermittelt. Bei schwankenden Jahresleistungen ergeben sich auch bei den jährlichen Abschreibungen Schwankungen.

☐ Außerplanmäßige / außergewöhnliche Abschreibung

Alle Unternehmen dürfen nach Handelsrecht (§ 253 Abs. 2 HGB) neben den planmäßigen auch außerplanmäßige Abschreibungen vornehmen, falls die Anlagegüter am Bilanzstichtag aufgrund technischer oder wirtschaftlicher Gegebenheiten einen objektiv niedrigeren Wert aufweisen. Steuerlich sind solche Abschreibungen ebenfalls vorgesehen (§ 7 Abs. 1 EStG), werden allerdings Absetzungen für außergewöhnliche technische oder wirtschaftliche Abnutzung (AfaA) genannt.

5.5.6 Forderungen

Forderungen in der Bilanz eines Unternehmens sind dann bzw. solange auszuweisen, wie die geleisteten Lieferungen oder Leistungen vom Empfänger nicht bezahlt worden sind. Zivilrechtlich spricht man von einem Schuldverhältnis nach § 241 BGB zwischen Gläubiger (hier das liefernde bzw. leistende Unternehmen) und Schuldner (hier der Leistungsempfänger).

Neben den Forderungen aus Lieferungen und Leistungen können Forderungen auch aus anderen Geschäftsvorfällen entstehen, so dass es weitere Forderungsarten gibt, wie z.B.:

- Forderungen aus zustehenden Boni / Rabatten
- Forderungen aus Darlehn
- Forderungen aus Rückerstattungen

Je nach der zu erwartenden Zahlungsbereitschaft des Schuldners werden Forderungen bei der bilanziellen Bewertung in drei Arten unterteilt:

☐ Einwandfreie Forderungen

aufgrund von bisherigen Erfahrungen mit dem Schuldner wird davon ausgegangen, dass er die Forderungen vollständig begleicht
- die Bewertung erfolgt in Höhe der Forderung (des Nominalbetrages)

☐ **Zweifelhafte Forderungen**

es besteht ein Ausfallrisiko bezüglich der Forderung
- die Bewertung erfolgt in Höhe der zu erwartenden Zahlung

☐ Uneinbringliche Forderungen

die Forderung ist uneinbringlich, der Schuldner wird definitiv nicht zahlen
- die Forderung ist in voller Höhe abzuschreiben

5.6   Bestandsveränderungen in der Bilanz

Jeder Geschäftsvorfall bewirkt eine wertmäßige Veränderung der Bilanzpositionen. Es gibt lediglich vier Arten der betragsmässigen Veränderung von Positionen innerhalb der Bilanz, wobei immer mindestens zwei Bilanzpositionen gleichzeitig verändert werden müssen. Dies begründet sich darin, weil Aktiva (Mittelverwendung) und Passiva (Mittelherkunft) in der Summe stets betragsmäßig ausgeglichen sein müssen.

5.6.1   Aktivtausch

Eine oder mehrere aktive Bilanzpositionen erhöhen sich wertmäßig, während gleichzeitig eine oder mehrere andere aktive Bilanzpositionen eine Verminderung um genau den gleichen Betrag erfahren.
Die Bilanzsumme bleibt dabei unverändert.
<u>Beispiel:</u> Kauf eines Anlagegegenstandes gegen Barzahlung

5.6.2   Passivtausch

Eine oder mehrere passive Bilanzpositionen erhöhen sich wertmäßig, während gleichzeitig eine oder mehrere andere passive Bilanzpositionen eine Verminderung um genau den gleichen Betrag erfahren.
Die Bilanzsumme bleibt dabei unverändert.
<u>Beispiel:</u> Aufnahme von Fremdkapital und Begleichung von kurzfristigen Verbindlichkeiten aus Lieferungen und Leistungen

5.6.3 Aktiv-Passiv-Tausch

Der Aktiv-Passiv-Tausch kann entweder in Form der Aktiv-Passiv-Mehrung oder der Aktiv-Passiv-Minderung erfolgen.

☐ **Aktiv-Passiv-Mehrung**

Eine oder mehrere aktive Bilanzpositionen erhöhen sich betragsmäßig, gleichzeitig erfolgt bei einer oder mehreren passiven Bilanzpositionen ebenfalls eine betragsmäßige Erhöhung.

Die Bilanzsumme nimmt zu (Bilanzverlängerung).

Beispiel: Warenkauf auf Rechnung

☐ **Aktiv-Passiv-Minderung**

Eine oder mehrere aktive Bilanzpositionen verringern sich betragsmäßig, gleichzeitig erfolgt bei einer oder mehreren passiven Bilanzpositionen ebenfalls eine betragsmäßige Verringerung.

Die Bilanzsumme nimmt ab (Bilanzverkürzung).

Beispiel: Rückzahlung eines Kredites durch Barmittel

5.7 Gewinn- und Verlustrechnung

Unabdingbarer Bestandteil des Jahresabschlusses ist eine Aufstellung über den Erfolg des Geschäftsjahres – dies geschieht in Form der Gewinn- und Verlustrechnung (GuV). Mit § 242 HGB ist die Pflicht zur Aufstellung der Gewinn- und Verlustrechnung gesetzlich vorgeschrieben.

Mittels der GuV werden die Höhe und die Struktur

- aller **Erträge** und
- aller **Aufwendungen**

eines Unternehmens innerhalb einer Abrechnungsperiode als Zeitraumrechnung abgebildet. Als Differenz zwischen den Erträgen und Aufwendungen wird der Periodenerfolg als so genannter **Jahresüberschuss** (die Erträge sind höher als die Aufwendungen) oder **Jahresfehlbetrag** (die Aufwendungen sind höher als die Erträge) ausgewiesen.

Die Gewinn- und Verlustrechnung kann unabhängig von der Unternehmensform in Konto- oder Staffelform aufgestellt werden; nur für Kapitalgesellschaften sind die Staffelform und deren Mindestgliederung gesetzlich vorgeschrieben. Bei der Aufstellung der Gewinn- und Verlustrechnung sind die formellen Grundsätze ordnungsmäßiger Buchführung (GoB) zu beachten.

Im Hinblick auf die Unterteilung der ausgewiesenen Aufwendungen kann nach Gesamtkostenverfahren und Umsatzkostenverfahren unterschieden werden. Für Kapitalgesellschaften sind sowohl das Gesamt- als auch das Umsatzkostenverfahren zulässig, wobei für beide Verfahren eine bestimmte Gliederung der Posten vorgegeben wird (§ 275 HGB). Beide Verfahren führen – bei korrekter Anwendung - rechnerisch zum Ausweis eines gleich hohen Periodenerfolges (Jahresüberschuss oder -fehlbetrag).

5.7.1 Gesamtkostenverfahren

Im Gesamtkostenverfahren werden sämtliche betrieblichen Aufwendungen, die bei der Erstellung der Betriebsleistung entstanden sind (Produktionsaufwand), nach Aufwandsarten - Personalaufwand, Materialaufwand, Abschreibungen, sonstige Aufwendungen - gegliedert. Der Produktionsaufwand der Periode wird dem Ertrag der Periode, bestehend aus der Summe aus Umsatzerlösen sowie Bestandsveränderung an Halb- und Fertigfabrikaten, gegenübergestellt. Aus der Differenz beider Seiten ergibt sich der Periodenerfolg.

Periodenaufwand	**Periodenertrag**
Produktionsaufwand: I. Personalaufwand II. Materialaufwand III.Abschreibungen IV. sonstige Aufwendungen	I. Umsatzerlöse II. Bestandsänderung an unfertigen / fertigen Erzeugnissen (Erhöhung + Minderung -) III. Sonstige Erträge
Periodenerfolg: Überschuss (= Ertrag > Aufwand)	Periodenerfolg: Fehlbetrag (= Ertrag < Aufwand)
Summe	Summe

Tabelle 6: Gesamtkostenverfahren in Staffelform (verkürzte Form)

Das Verfahren setzt keine umfangreiche Kosten- und Leistungsrechnung voraus.

5.7.2 Umsatzkostenverfahren

Beim Umsatzkostenverfahren werden hingegen sämtliche betrieblichen Aufwendungen für die abgesetzten Erzeugnisse, gegliedert nach Funktionsbereichen (in der Regel nach Herstellung, Verwaltung und Vertrieb) erfasst. Der Aufwand der Periode (hier Umsatzaufwand) wird dem Ertrag der Periode, bestehend aus den Umsatzerlösen, gegenübergestellt. Aus der Differenz beider Größen ergibt sich der Periodenerfolg.

Periodenaufwand	**Periodenertrag**
Herstellkosten + Verwaltungskosten + Vertriebskosten = Produktionsaufwand + Minderung der Bestände an unfertigen / fertigen Erzeugnissen - Erhöhung der Bestände an fertigen / unfertigen Erzeugnissen = Umsatzaufwand	Umsatzerlöse
Periodenerfolg: Überschuss (= Ertrag > Aufwand)	Periodenerfolg: Fehlbetrag (= Ertrag < Aufwand)
Summe	Summe

Tabelle 7: Umsatzkostenverfahren in Staffelform (verkürzte Form)

Das Verfahren setzt eine leistungsfähige Kosten- und Leistungsrechnung voraus.

6 Grundlagen der Finanzbuchführung

 Kenntnis der Erfolgskonten sowie Beherrschung einfacher Buchungen auf Erfolgskonten

 Ein wesentlicher Bestandteil des betrieblichen Rechnungswesens ist die Geschäfts- und Finanzbuchhaltung (kurz "Finanzbuchführung" genannt).

Die Hauptaufgabe der Finanzbuchführung ist es, anhand einer lückenlosen Erfassung aller Geschäftsvorfälle eines Unternehmens die bilanzrelevanten Veränderungen der Vermögens- und Kapitalbestandteile aufzuzeigen und zu dokumentieren.

Diese Aufzeichnungen sind immer zeitraumbezogen (im Regelfall auf ein Geschäftsjahr); man spricht deshalb auch von einer Zeitrechnung. Im Gegensatz dazu zeigt die Bilanz stichtagsbezogen die Vermögens- und Kapitallage des Unternehmens.

6.1 Buchführungssysteme

Zur Aufzeichnung der Geschäftsvorfälle gibt es zwei Buchführungssysteme - die einfache und die doppelte Buchführung. Die einfache Buchführung wird in der Praxis lediglich von den so genannten Minderkaufleuten, Landwirten oder freien Berufen angewandt, das heißt dort, wo die Geschäftsvorfälle nach Anzahl und Inhalt relativ gering bzw. einfach sind.

In Institutionen der öffentlichen Hand ist die so genannte kameralistische Buchführung noch anzutreffen. Sie dient lediglich der Erfassung von Einnahmen und Ausgaben und soll zur Kontrolle der Mittelverwendung dienen; aus diesem Grund ist sie - rechtlich gesehen - kein kaufmännisches Buchführungssystem.

6.1.1 Einfache Buchführung

Die einfache Buchführung ist im Wesentlichen dadurch gekennzeichnet, dass die einzelnen Geschäftsvorfälle lediglich mit einer Buchung, das heißt ohne Gegenbuchung, erfasst werden. Dabei werden nur diejenigen Geschäftsvorfälle buchmäßig festgehalten, die zu tatsächlichen

Einnahmen und Ausgaben führen. Im Regelfall sind es die Kassenbewegungen und die Buchungsvorgänge im Zusammenhang mit Kunden und Lieferanten. Die einfache Buchführung verzichtet auch auf die Erfassung von Leistungsvorgängen.

Das Grundbuch - es ist der Mittelpunkt der einfachen Buchführung - erfasst alle Geschäftsvorfälle in chronologischer Reihenfolge. Der Erfolg des Geschäftsjahres wird durch den Vergleich des vorhandenen Reinvermögens zu Beginn und am Ende des Geschäftsjahres ermittelt.

6.1.2 Doppelte Buchführung

In der Praxis erfolgt die Finanzbuchhaltung meistens in der Form der doppelten Buchführung. Das Wesen der doppelten Buchführung ist hauptsächlich durch folgendes bestimmt:

- alle Geschäftsvorfälle werden in zeitlicher Reihenfolge und in sachlichem Zusammenhang erfasst
- die Geschäftsvorfälle werden durch die Verwendung von Bestands- und Erfolgskonten abgebildet
- das Ergebnis eines Geschäftsjahres wird sowohl im Rahmen der Bilanz als auch in Form einer Gewinn- und Verlustrechnung ausgewiesen
- bei jeder Buchung wird auf mindesten zwei Konten gebucht

6.2 Bestandskonten

Die gesetzliche Verpflichtung zur lückenlosen Erfassung aller Geschäftsvorfälle während eines Geschäftsjahres würde dazu führen, dass permanent neue Bilanzen erstellt werden. Dies ist in der Realität nicht machbar und vom Gesetzgeber auch nicht gewollt.

Aus diesem Grund wurden die Bestandskonten entwickelt. In den Bestandskonten werden die jeweiligen Bilanzpositionen wiedergegeben. Am Beginn eines neuen Geschäftsjahres werden in die Bestandskonten als Anfangsbestände die Endbestände des abgelaufenen Geschäftsjahres übernommen. Unterjährig werden sämtliche Zu- und Abgänge entsprechend den Geschäftsvorfällen verbucht. Am Ende werden die Endbestände in die Bilanz des aktuellen Geschäftsjahres übernommen. Dieser Prozess wiederholt sich jedes Jahr.

Zur manuellen Erfassung der Zugänge und Abgänge enthalten diese Konten zwei Seiten und ähneln einem T, weshalb sie auch T-Konten genannt werden. Die Bezeichnung der beiden Seiten eines T-Kontos - linke Seite "SOLL" und rechte Seite "HABEN" (vergleiche unten) ist nicht mit unserem alltäglichen Sprachgebrauch identisch. Sie gehen auf die historischen Anfänge der Buchführung zurück.

Soll	*Bezeichnung*	Haben

6.2.1 Buchungssatz

Wie bereits ausgeführt, besteht die Doppelte Buchführung unter anderem darin, dass bei jeder Buchung mindestens auf zwei Konten gebucht wird - es gelten folgende Grundsätze: "Keine Buchung ohne Gegenbuchung" und "Keine Buchung ohne Beleg". Anhand des Beleges können die folgenden Fragen beantwortet werden:

FRAGEN	ANTWORTEN
1. Welche Konten werden durch den Geschäftsvorfall angesprochen bzw. verändern sich?	**Kontennamen,** z.B. Bank, Waren, Verb. aus Lieferungen und Leistungen
2. Was sind das für Konten?	**Aktiv-** bzw. **Passivkonto** oder **Aufwands-** bzw. **Ertragskonto**
3. Welche Veränderung verursacht der Geschäftsvorfall?	**Mehrung** bzw. **Minderung**
4. Wo wird die Veränderung auf dem jeweiligen Konto eingetragen?	im **Soll** bzw. im **Haben**

Als allgemeine Regel wurde der so genannte Buchungssatz entwickelt, der für alle Buchungen gilt. Der Buchungssatz nennt an der ersten Stelle das Konto, bei dem im Soll und an der zweiten Stelle das Konto, bei dem im Haben gebucht wird:

SOLL (Betrag)   an   HABEN (Betrag)

Auf die Nennung des Betrages hinter dem Sollkonto kann verzichtet werden. Die Erfahrung zeigt jedoch, dass bei Neulingen in der Buchführung es sinnvoll ist, ihn zu nennen. Gerade bei zusammengesetzten Buchungen (z.B. Warenvorgänge mit Umsatzsteuer oder Skonto) erleichtert es die Übersicht und Kontrolle, weil die Summe der gebuchten Beträge im Soll und Haben gleich groß sein muss.

6.2.2 Buchung auf Bestandskonten

Entsprechend der Gliederung in Aktiv- und Passivseite gibt es aktive Bestandskonten (Aktivkonten) und passive Bestandskonten (Passivkonten).

☐ Aktivkonten

Bei Aktivkonten werden der Anfangsbestand sowie die Zugänge im Soll gebucht. Die Abgänge und der Schlussbestand, zum Abschluss des Aktivkontos und zur Übernahme in die Bilanz, werden im Haben gebucht.

Soll	*Aktivkonto*	Haben
Anfangsbestand		Abgänge
Zugänge		Schlussbestand

Die einzige Ausnahme bildet das Bankkonto, es stellt bilanziell nur dann ein Aktivkonto dar, wenn das Bankkonto ein Guthaben beim Kreditinstitut hat.

☐ Passivkonten

Bei Passivkonten werden der Anfangsbestand sowie die Zugänge im Haben gebucht. Die Abgänge und der Schlussbestand, zum Abschluss des Passivkontos und zur Übernahme in die Bilanz, werden im Soll gebucht.

Soll	*Passivkonto*	Haben
Abgänge		Anfangsbestand
Schlussbestand		Zugänge

Das Bankkonto ist bilanziell nur dann ein Passivkonto, wenn es beim Kreditinstitut Schulden hat.

6.2.3 Eröffnung der Bestandskonten

Zur Auflösung der Bilanz in Bestandskonten muss am Beginn des Geschäftsjahres das **Saldenvortragskonto** (SVK) verwendet werden. Die Übernahme der Anfangsbestände (AB) aus dem Saldenvortragskonto in die jeweiligen Bestandkosten und die anschließende Erfassung der laufenden Geschäftsvorfälle erfolgen unter Beachtung des allgemeinen Buchungssatzes SOLL an HABEN.

Aktivkonto (Name) an Saldenvortragskonto	**Betrag**
Saldenvortragskonto an Passivkonto (Name)	**Betrag**

In den folgenden Abbildungen ist schematisch die Eröffnung der Bestandskonten dargestellt:

BILANZ 01.01.XX

Aktiva	Passiva
Gebäude 15.000 Maschine 5.000 Bank 9.000	EK 20.000 Verbind.9.000
<u>29.000</u>	<u>29.000</u>

SALDENVORTRAGSKONTO

SOLL	HABEN
EK 20.000 Verbind.9.000	Gebäude 15.000 Maschine 5.000 Bank 9.000

(1) Buchung der Saldenvorträge

AKTIVKONTEN

S   Gebäude   H

AB 15.000	Abgänge
Zugänge	SB 10.000

S   Maschine   H

AB 5.000	Abgänge
Zugänge	SB 2.500

S   Bank   H

AB 9.000	Abgänge
Zugänge	SB 500

PASSIVKONTEN

S   Eigenkapital   H

Abgänge	AB 20.000
SB 10.000	Zugänge

S   Verbindlichk.   H

Abgänge	AB 9.000
SB 3.000	Zugänge

(2) Buchung der Saldenvorträge gemäß dem Buchungssatz SOLL an HABEN auf den jeweiligen Bestandskonten

(3) Buchung der Zu- und Abgänge bei Geschäftsvorfällen auf den jeweiligen Bestandskonten

(4) Ermittlung der Schlussbestände auf den jeweiligen Bestandskonten

---

6.2.4 Abschluss der Bestandskonten

Der Abschluss aller Bestandskonten erfolgt über das **Schlussbilanzkonto** **(SBK)**. Dieses Konto übernimmt die Schlussbestände aller Bestandskonten und bildet die Grundlage für die Bilanz, die anschließend durch die Übernahme der Beträge des Schlussbilanzkontos erstellt wird.

Die Salden aller Bestandskonten werden nach folgenden Buchungssätzen in das Schlussbilanzkonto gebucht.

Schlussbilanzkonto an Aktivkonto (Name)	**Betrag**
Passivkonto (Name) an Schlussbilanzkonto	**Betrag**

In den folgenden Abbildungen ist schematisch der Abschluss der Bestandskonten dargestellt:

SCHLUSSBILANZKONTO

SOLL	HABEN
Gebäude 10.000 Maschinen 2.500 Bank 500	EK 10.000 Verbind.3.000

BILANZ 31.12.XX

Aktiva	Passiva
Gebäude 10.000 Maschine 2.500 Bank 500	EK 10.000 Verbind.3.000
13.000	13.000

(5) Buchung der Schlussbestände der einzelnen Bestandskonten auf das Schlussbilanzkonto, Erstellung der Schlussbilanz

6.3 Erfolgskonten

Während eines Geschäftsjahres gibt es viele erfolgswirksame Vorfälle, welche eine Bestandsveränderung des Eigenkapitalkontos bewirken. Dies sind Aufwendungen, zum Beispiel für Löhne oder Material sowie Erträge, zum Beispiel aus Umsätzen.

Weil bei der Vielzahl an Buchungen ein einzelnes Eigenkapitalkonto keine Übersichtlichkeit gewährleistet, wird dieses in entsprechenden Unterkonten weiter aufgelöst. Die Unterkonten sind die so genannten Erfolgskonten.

In den Erfolgskonten werden alle betriebsbedingten Erträge und Aufwendungen unterjährig gebucht und am Ende des Geschäftsjahres über ein spezielles Konto abgeschlossen.

6.3.1 Buchung auf Erfolgskonten

Die Erfolgskonten werden nicht über ein Saldenvortragskonto zu Beginn des Geschäftsjahres eröffnet und haben aus diesem Grund auch keinen Anfangsbestand. Sie werden erst mit Eintritt des ersten entsprechenden Geschäftsvorfalls (z.B. Ertrag aufgrund von Umsätzen aus Verkauf) angelegt und werden anschließend für die Erfassung der weiteren entsprechenden Geschäftsvorfälle benutzt.

Der Buchungssatz lautet wie bei den Bestandskonten SOLL an HABEN, wobei folgende Regeln zusätzlich gelten:

☐ Ertragskonten

Entstehende Erträge führen zur Erhöhung des Eigenkapitals und werden im Haben gebucht

☐ Aufwandskonten

Entstehende Aufwendungen führen zur Verminderung des Eigenkapitals und werden im Soll gebucht

6.3.2 Abschluss der Erfolgskonten

Der Abschluss der Erfolgskonten erfolgt am Jahresende nicht direkt über das Eigenkapitalkonto, sondern über das Gewinn- und Verlustkonto. Das Gewinn- und Verlustkonto ist demnach ein Unterkonto des Eigenkapitalkontos.

Im Rahmen der Erstellung des Jahresabschlusses sind die meisten Unternehmen gesetzlich verpflichtet, eine Gewinn- und Verlustrechnung aufzustellen (§ 242 HGB). Die Gewinn- und Verlustrechnung, in Form des Gewinn- und Verlustkontos, erlaubt die zusammenfassende Aussage, ob das Unternehmen im Geschäftsjahr einen Gewinn oder Verlust gemacht hat.

Die Salden aller Aufwands- und Ertragskonten werden auf dem Gewinn- und Verlustkonto gesammelt (gebucht); der allgemeine Buchungssatz findet auch hier Anwendung.

GuV-Konto an Aufwandskonto (Name)	**Betrag**
Ertragskonto (Name) an Guv-Konto	**Betrag**

Der erzielte Gewinn wird auf dem Eigenkapitalkonto im HABEN gebucht, er erhöht das Eigenkapital. Ein Verlust hingegen wird auf dem Eigenkapitalkonto im SOLL gebucht, er vermindert das Eigenkapital.

GuV-Konto an Eigenkapitalkonto   Betrag (bei Gewinn)

Eigenkapitalkonto an GuV-Konto   Betrag (bei Verlust)

In den folgenden Abbildungen ist schematisch der Abschluss der Erfolgskonten dargestellt:

AUFWANDSKONTEN   **ERTRAGSKONTEN**

S	Mietaufwand	H		S	Umsatz	H
1.000		Saldo 1.000		Saldo 20.000		20.000

S	Lohnaufwand	H		S	Mietertrag.	H
5.000		Saldo 5.000			Saldo 1.500	1.500

S	Mater.aufwand	H		S	Zinsertrag	H
9.000		Saldo 9.000			Saldo 500	500

(1) Anlegen der entsprechenden Erfolgskonten beim Vorliegen der zugehörigen Geschäftsvorfälle

(2) Buchung der Zugänge bei Geschäftsvorfällen auf den jeweiligen Erfolgskonten

(3) Ermittlung der Salden der einzelnen Erfolgskonten

GuV-KONTO

SOLL	HABEN
Miete 1.000 Lohn 5.000 Material 9.000	Umsatz 20.000 Mietertrag 1.500 Zinsen 500
Gewinn 5.000	
22.000	22.000

EIGENKAPITALKONTO

S	Eigenkapital	H
	AB 20.000	
SB 25.000	GuV 5.000	
25.000	25.000	

(4) Buchung der Salden der einzelnen Erfolgskonten auf dem GuV-Konto

(5) Buchung des Ergebnisses des GuV-Kontos (Gewinn oder Verlust) auf dem Eigenkapitalkonto

7 Kosten- und Leistungsrechnung

📌 **Kenntnis** der Grundbegriffe sowie die Aufgabe der Kosten- und Leistungsrechnung

 Im Mittelpunkt der Kosten- und Leistungsrechnung stehen, wie der Name bereits verrät, die während des Produktionsprozesses verursachten Kosten und die erbrachten Leistungen.

Als interner Bestandteil des Rechnungswesens unterliegt die Kosten- und Leistungsrechnung keinen gesetzlichen Gestaltungsvorgaben, beruht aber auf denselben Geschäftsvorfällen und Bilanzveränderungen wie die Finanzbuchhaltung. Das gemeinsame Zahlenmaterial wird allerdings tiefer gegliedert sowie analysiert, was entsprechende Steuerungsprozesse erlaubt.

7.1 Begriffe der Kosten- und Leistungsrechnung

Bei der Kosten- und Leistungsrechnung werden den beiden Grundbegriffen aus der Finanzbuchhaltung "Aufwand" und "Ertrag" die Begriffe "Kosten" und "Leistung" gegenübergestellt.

- Das Begriffspaar "Aufwand" und "Ertrag" bezieht sich auf die Reinvermögensebene des Unternehmens, bestehend aus dem Geldvermögen und dem Sachvermögen. Je nach Geschäftsvorfall kommt es entweder zu einer Minderung oder zu einer Erhöhung des Reinvermögens innerhalb einer Abrechnungsperiode.

- Das Begriffspaar "Kosten" und "Leistung" bezieht sich auf die Betriebsebene des Unternehmens und der Güter/Dienstleistungen, welche das Unternehmen erzeugt oder benötigt. Je nach Geschäftsvorfall kommt es entweder zu einem Verbrauch oder zur Erzeugung eines Gutes bzw. einer Dienstleistung innerhalb einer Abrechnungsperiode.

Das grundlegende Verständnis der Begriffspaare und ihre Unterscheidung ist Vorrausetzung für das Verständnis des Zusammenhangs zwischen der im vorhergehenden Kapitel erläuterten Gewinn- und Verlustrechnung sowie der nachfolgend dargestellten Kosten- und Leistungsrechnung.

Die fehlenden Begriffspaare der Zahlungsmittelebene und der Geldvermögensebene - "Einzahlung", "Einnahme" sowie "Auszahlung", "Ausgabe"
- werden im Kapitel Finanzierung (vergleiche Kapitel 8.1.3) erläutert.

7.1.1 Aufwand und Kosten

Der in der Finanzbuchhaltung verwendete Begriff "Aufwand" bezeichnet
den erfolgswirksamen Verzehr an Gütern bzw. Dienstleistungen, der
während des Produktionsprozesses innerhalb des Betrachtungszeitraumes bewertbar ist. Es findet demnach eine Minderung des Reinvermögens statt.

Der Aufwand lässt sich wie folgt unterteilen:

☐ **Betriebsfremder Aufwand**

es fehlt die Beziehung des Aufwandes zum Unternehmenszweck

Beispiel: Spenden

☐ **Außerordentlicher Aufwand**

die Aufwendungen sind betriebsbedingt angefallen, aber für das Unternehmen ungewöhnlich und nicht vorhersehbar

Beispiel: Brandschaden

☐ **Periodenfremder Aufwand**

die Aufwendungen sind betriebsbedingt angefallen, aber sie betreffen
einen anderen Betrachtungszeitraum

Beispiel: Steuernachzahlungen

☐ **Zweckaufwand**

Aufwendungen für die betriebliche Leistungserstellung, welche regelmäßig und innerhalb des Betrachtungszeitraumes anfallen

Beispiel: Personalkosten

Dem Aufwand laut Finanzbuchhaltung stehen Kosten laut Kosten- und
Leistungsrechnung gegenüber. Der Begriff "**Kosten**" bezeichnet den
normalen, in Geldeinheiten bewerteten Verzehr an Gütern und Dienstleistungen im Unternehmen.

Entsprechen die Kosten sachlich sowie wert- und betragsmäßig dem
Zweckaufwand, dann wird von **Grundkosten** gesprochen. Neben den
Grundkosten gibt es die kalkulatorischen Kosten, die keinem Aufwand
entsprechen und deshalb in der Finanzbuchhaltung nicht erscheinen.

Die kalkulatorischen Kosten lassen sich wie folgt unterteilen:

☐ **Anderskosten**

Anderskosten fallen betriebsbedingt und innerhalb des Betrachtungszeitraums an, weichen aber betragsmäßig vom Aufwand ab

Beispiel: bei Abschreibungen in der Finanzbuchhaltung werden die rechtlichen Aspekte berücksichtigt, hingegen wird in der Kosten- und Leistungsrechnung der tatsächliche Wertverlust berücksichtigt

☐ **Zusatzkosten**

Zusatzkosten fallen ebenfalls betriebsbedingt und innerhalb des Betrachtungszeitraums an, ihnen steht aber kein Aufwand gegenüber

Beispiel: kalkulatorischer Unternehmerlohn bei Leistungen des Unternehmers außerhalb der vertraglichen Verpflichtungen oder kalkulatorische Zinsen für das erforderliche Eigenkapital des Unternehmens

In der folgenden Abbildung werden die Aufwandsarten den Kostenarten gegenübergestellt:

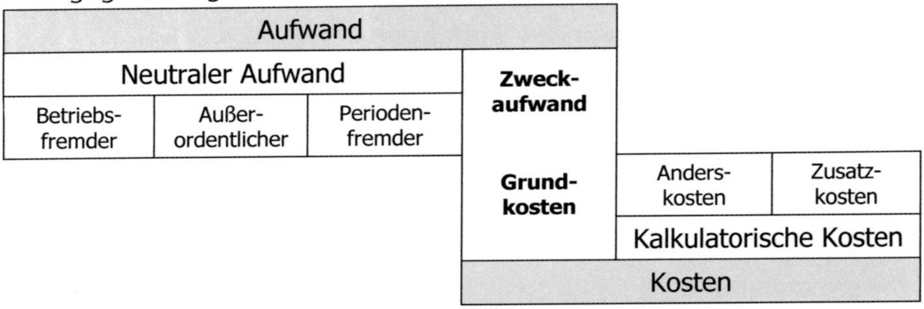

Aufwand					
Neutraler Aufwand			Zweckaufwand		
Betriebsfremder	Außerordentlicher	Periodenfremder			
			Grundkosten	Anderskosten	Zusatzkosten
				Kalkulatorische Kosten	
			Kosten		

Abbildung 38: Gegenüberstellung von Aufwand und Kosten

7.1.2 Ertrag und Leistungen

Der Ertrag, ebenfalls als Begriff aus der Finanzbuchhaltung folgt systematisch und inhaltlich dem Aufwand; Ertrag bezeichnet den in Geldeinheiten bewerteten Wertezugang.

Der Ertrag lässt sich wie folgt unterteilen:

☐ **Betriebsfremder Ertrag**

es fehlt die Beziehung des Ertrages zum Unternehmenszweck

Beispiel: Zinserträge

☐ **Außerordentlicher Ertrag**

der Ertrag ist betriebsbedingt angefallen, aber für das Unternehmen ungewöhnlich, zufällig und nicht vorhersehbar

Beispiel: Versicherungsentschädigung für ein abgebranntes Betriebsgebäude

☐ **Periodenfremder Ertrag**

der Ertrag ist betriebsbedingt angefallen, aber er betrifft einen anderen Betrachtungszeitraum

Beispiel: Rückerstattung von Steuern

☐ **Zweckertrag**

der Ertrag, der für die betriebliche Leistungserstellung regelmäßig und innerhalb des Betrachtungszeitraumes anfällt

Beispiel: Erlös aus Umsätzen

Den Erträgen aus der Finanzbuchhaltung werden die Leistungen aus der Kosten- und Leistungsrechnung des Unternehmens gegenübergestellt. Unter **Leistungen** wird der Wertezuwachs verstanden, der aus der Erstellung von Gütern und Dienstleistungen innerhalb einer Periode entstanden ist und das Ergebnis des betrieblichen Leistungsprozesses darstellt.

Entspricht der Wertezuwachs der Höhe nach dem Zweckertrag, dann wird von **Grundleistungen** gesprochen. Wegen der geringen Bedeutung für die Prüfung wird in diesem Kompendium auf die kalkulatorischen Leistungen nicht näher eingegangen.

In der folgenden Abbildung werden die Ertragsarten den Leistungsarten gegenübergestellt:

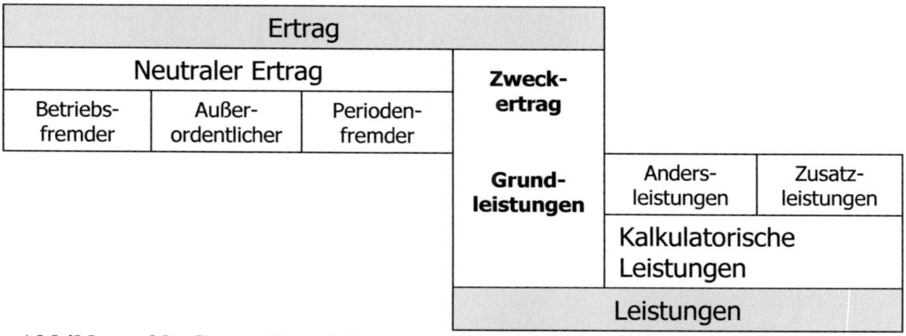

Ertrag					
Neutraler Ertrag			Zweck-ertrag		
Betriebs-fremder	Außer-ordentlicher	Perioden-fremder			
			Grund-leistungen	Anders-leistungen	Zusatz-leistungen
				Kalkulatorische Leistungen	
			Leistungen		

Abbildung 39: Gegenüberstellung von Ertrag und Leistungen

7.2 Aufgabe der Kosten- und Leistungsrechnung

Die Kosten- und Leistungsrechnung als interner Bestandteil des Rechnungswesens hat vielfältige Aufgaben.

Für die Steuerung der Wirtschaftlichkeit ist es unerlässlich zu wissen, welche Kosten (nach Art und Betrag) während der Leistungserstellung angefallen sind. Erst anhand dieser Erkenntnisse und der Verteilung der Kosten auf die Kostenträger ist es dem Unternehmen möglich, einen Marktpreis zu kalkulieren, der die angefallenen Kosten zur Herstellung bzw. Leistungserbringung deckt und gegebenenfalls einen Gewinn ermöglicht.

Aus der Summe der Kosten je Leistungseinheit (Stückkosten) und den erzielten Leistungen (insbesondere Grundleistungen), kann im Rahmen der Ergebnisrechnung das Betriebsergebnis ermittelt werden.

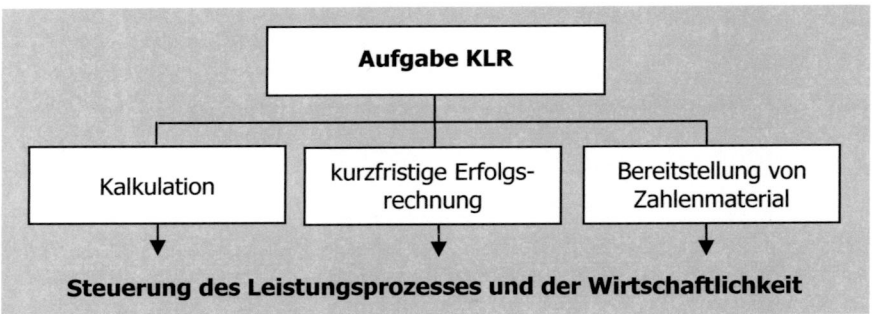

Abbildung 40: Aufgaben der Kosten- und Leistungsrechnung

Neben diesen Hauptaufgaben können anhand der gewonnen Erkenntnisse unter anderem unternehmerische Entscheidungen, vor allem bezüglich des Leistungsprogramms und der Kostenoptimierung, getroffen werden. Außerdem stehen die ermittelten Daten anderen Bereichen des Rechnungswesens zur Weiterverarbeitung zur Verfügung.

7.2.1 Gliederung der Kosten- und Leistungsrechnung

Zur Ermittlung der Kosten je Leistungseinheit ist es notwendig, die Vielzahl der unterschiedlichen Kosten während des Produktionsprozesses aufzuarbeiten. Hierzu wird die Kosten- und Leistungsrechnung üblicherweise in die folgend dargestellten Schritte (Elemente) unterteilt.

In der Kostenartenrechnung werden sämtliche Kosten des Produktionsprozesses innerhalb einer Periode erfasst und in Gemeinkosten (GK) sowie Einzelkosten (EK) unterteilt. Aufgrund der Tatsache, dass Gemein-kosten nicht eindeutig einem Kostenträger (z.B. Produkt, Gut) zugeord-net werden können, müssen sie in der Kostenstellenrechnung auf Kos-tenstellen verteilt. Zudem werden Zuschlagsätze gebildet, die zur Stück-kostenermittlung notwendig sind. In der Kostenträgerrechnung, unter-teilt in die Kostenträgerstück- und Kostenträgerzeitrechnung, werden die Stückkosten sowie die Gesamtkosten der Periode ermittelt.

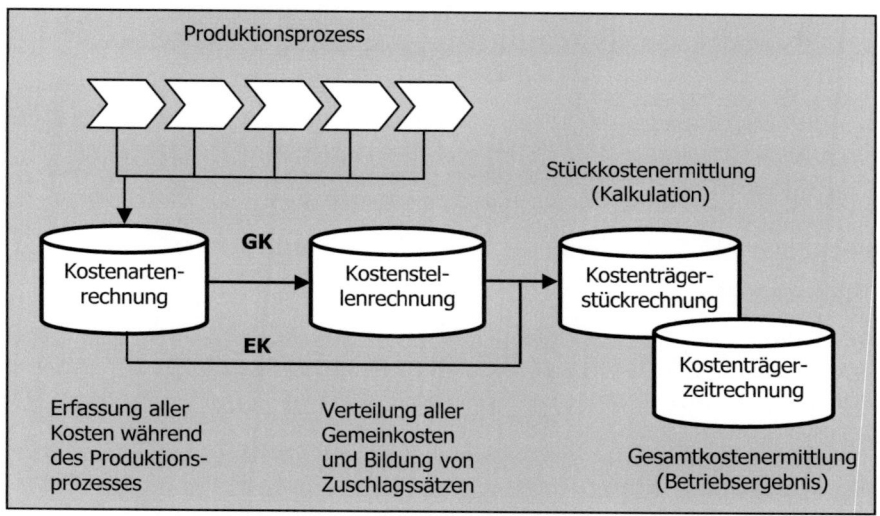

Abbildung 41: Elemente der Kosten- und Leistungsrechnung

Auf die einzelnen Schritte der Kosten- und Leistungsrechnung wird in den folgenden Kapiteln näher eingegangen.

7.2.2 Kostenrechnungssysteme

Die Kosten- und Leistungsrechnung hat sich hinsichtlich Informations-gehalt sowie Aufgabenstellung historisch gesehen sehr verändert; Er-gebnis sind die heutigen Kostenrechnungssysteme.

Anhand der verschiedenartigen Ausgestaltung der heutigen Kosten-rechnungssysteme bezüglich Zeitbezug und Umfang der Kostenverrech-nung erlauben sie erweiterte Informationsbeschaffungen sowie Kon-trollmöglichkeiten.

In der folgenden Abbildung sind die Kostenrechnungssysteme schema-tisch zusammengestellt, die sich - bis auf die Normalkostenrechnung -

in der Praxis mittels der Kombination den Kriterien "Zeitbezug" und "Umfang der Kostenverrechnung" ergeben und angewandt werden.

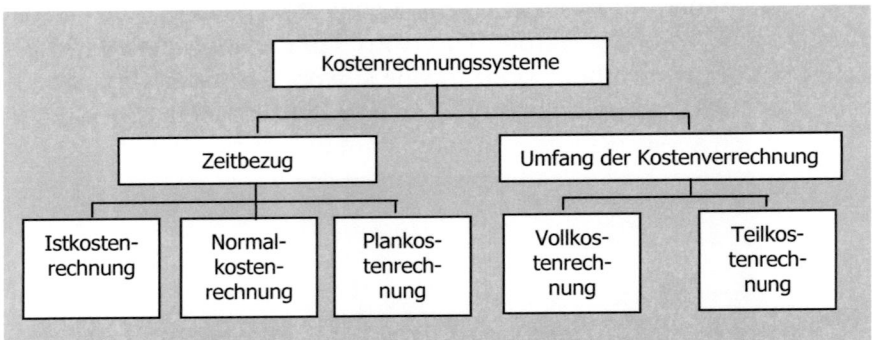

Abbildung 42: Einteilung von Kostenrechnungssystemen

Die Kostenrechnungssysteme nach Zeitbezug werden unterteilt in:

☐ Istkostenrechnung

Verrechnung der angefallenen (tatsächlichen) Kosten innerhalb einer Periode; aus diesem Grund können die Kosten im Vergleich zu anderen Zeiträumen schwanken, was Vergleiche sowie Entscheidungen erschwert

☐ Normalkostenrechnung

Verrechnung von Kosten, die normalerweise während des Produktionsprozesses anfallen (statistische Mittelwerte); Kostenschwankungen werden nicht berücksichtigt, was Vergleiche sowie Entscheidungen erleichtert - es ist jedoch zu berücksichtigen, dass die Kostenrealität nicht wirklich dargestellt wird

☐ Plankostenrechnung

Verrechnung von geplanten Kosten innerhalb einer zukünftigen Periode - zum Beispiel zur Erstellung von Prognosen bezüglich der Wirtschaftlichkeit eines Produktionsprozesses

Die Kostenrechnungssysteme nach Umfang der Kostenverrechnung sind:

☐ Vollkostenrechnung

Verrechnung aller Kosten, unterteilt in Einzel- und Gemeinkosten, die Gemeinkosten werden mit Hilfe von Zuschlagssätzen (Ermittlung in der Kostenstellenrechnung) auf die einzelnen Kostenträgers zugerechnet -

der Nachteil ist, dass alle Kosten unabhängig von der Verursachung den Kostenträgern zugerechnet werden.

☐ **Teilkostenrechnung**

Verrechnung ausschließlich der variablen Kostenanteile (bzw. der Einzelkosten) auf die einzelnen Kostenträgern, die fixen Kosten (bzw. Gemeinkosten) werden durch erwirtschaftete/kalkulierte Deckungsbeiträge gedeckt - der Nachteil ist, dass auf langfristiger Sicht die Gefahr besteht, dass nicht alle Kosten gedeckt werden können.

7.3 Kostenverläufe

In der Kosten- und Leistungsrechnung werden die Kosten immer in Abhängigkeit von der Beschäftigung betrachtet, wobei hier nicht die personalwirtschaftliche Sichtweise der Beschäftigung, sondern die Auslastung der Produktionsfaktoren gemeint ist.

Die Reaktion auf Veränderung einzelner Kosten erlaubt eine Unterteilung der Kosten in fixe und variable Kosten. In Kostenverlaufskurven wird die Reaktion graphisch dargestellt.

7.3.1 Fixe Kosten

Fixe Kosten reagieren auf Veränderungen der Beschäftigung nicht, sie sind theoretisch beschäftigungsunabhängig. Fixe Kosten fallen vor allem für die Bereitstellung bzw. Aufrechterhaltung der unternehmerischen Produktions- und Leistungserstellung (zum Beispiel Miete der Produktionshalle oder die Versicherung der Maschinen) an.

In der Praxis kann es zum Anstieg der fixen Kosten kommen, wenn beispielsweise eine neue Produktionsanlage in Betrieb kommt oder eine bestehende stillgelegt wird. In diesem Fall kommt es zu einem sprunghaften Anstieg der fixen Kosten, so dass man von sprungfixen Kosten spricht.

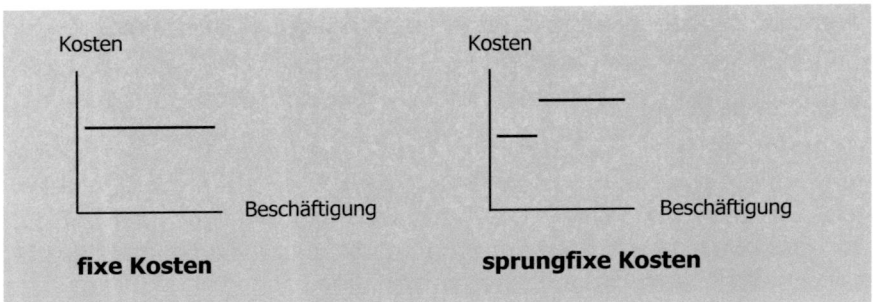

Abbildung 43: fixe und sprungfixe Kostenverläufe

7.3.2 Variable Kosten

Variable Kosten reagieren auf Veränderungen der Beschäftigung, sie sind sehr stark beschäftigungsabhängig. Je nach Veränderung der Beschäftigung kann es zu verschiedenen Verläufen der variablen Kosten kommen. Der Kostenverlauf wird unterschieden nach:

- proportional: Veränderung im gleichen Verhältnis wie die Beschäftigung
- progressiv: Veränderung im Verhältnis größer als die Beschäftigung
- degressiv: Veränderung im Verhältnis kleiner als die Beschäftigung
- regressiv: Veränderung im umgekehrten Verhältnis als die Beschäftigung

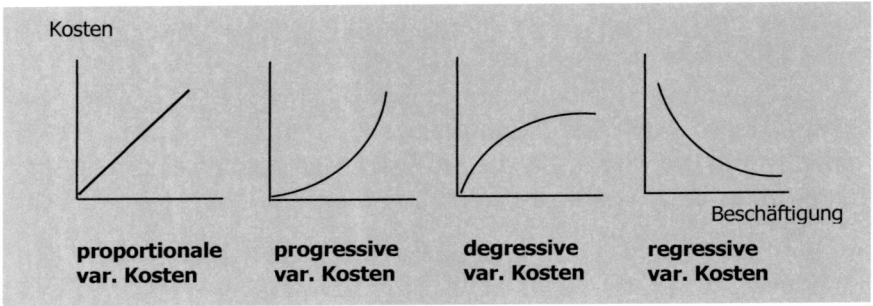

Abbildung 44: variable Kostenverläufe

Die proportionale Veränderung wird bei der theoretischen Betrachtung als der Regelfall angesehen.

7.3.3 Gesamtkosten

Die Gesamtkosten, manchmal auch als Mischkosten bezeichnet, setzen sich aus den fixen und variablen Kosten zusammen. Mittels der Kostenfunktion können die Gesamtkosten in Abhängigkeit von der Beschäftigungsänderung berechnet werden.

$$K(x) = K_f + k_v*x$$

K_f (fixe Kosten)

k_v (variable Kosten)

x (Beschäftigungsvariable)

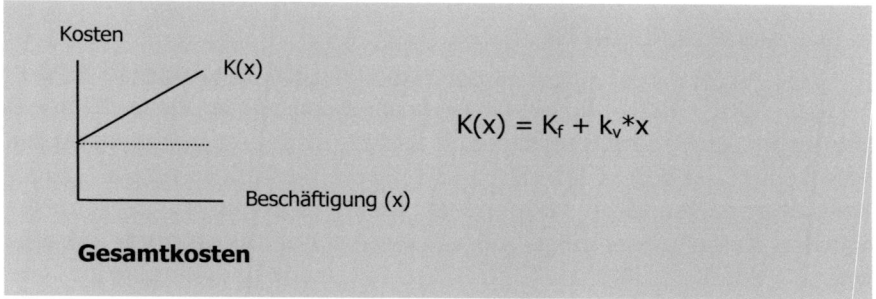

Abbildung 45: Gesamtkostenverlauf bei proportionalen variablen Kosten

7.4 Kostenartenrechnung

7.4.1 Aufgabe

Die Kostenartenrechnung erfasst alle Kosten, die während des betrieblichen Leistungsprozesses anfallen und ist der Ausgangspunkt sowie die Grundlage der gesamten Kosten- und Leistungsrechnung. Es handelt sich also nicht um eine Rechnung im klassischen Sinn, sondern um eine geordnete Erfassung der angefallenen Kosten. Erst anhand des Überblicks über die Kostenstruktur und die jeweiligen Kostenbeträge können die zur Unternehmenssteuerung benötigten Informationen, welche zur Steuerung der Wirtschaftlichkeit nötig sind, gewonnen werden.

Zur systematischen, einheitlichen Kostenerfassung werden die so genannten Kostenartenpläne verwendet, die sich an den vorhandenen branchenspezifischen Kontenplänen (z.B. Industriekontenrahmen oder Einzelhandelskontenrahmen) orientieren sollten.

7.4.2 Gliederung der Kosten

Je nach Zielsetzung der Kostenartenrechnung lassen sich die angefallen Kosten nach verschiedenen Gesichtspunkten gliedern. Zu den am häufigsten verwendeten Gliederungskriterien zählen:

☐ **Art der verbrauchten Produktionsfaktoren**

Die Einteilung nach Art der verbrauchten Produktionsfaktoren ist die einfachste und schnellste Unterteilung. Üblicherweise findet dabei eine primäre Abgrenzung nach Personalkosten, Materialkosten, Dienstleistungskosten, Gesellschaftskosten und sonstigen Kosten statt.

☐ **Art der Verrechenbarkeit**

Die Einteilung nach Art der Verrechenbarkeit setzt die Unterscheidung von Einzel- und Gemeinkosten voraus. Einzelkosten lassen sich einem Kostenträger direkt zurechnen (z.B. Kosten des Fertigungsmaterials). Gemeinkosten hingegen können nicht direkt dem Kostenträger zugerechnet werden, sondern können erst im Zuge der Kostenstellenrechnung dem Kostenträger zugerechnet werden (z.B. Kosten der Verwaltung).

☐ **Verhalten bei Beschäftigungsänderung**

Die Einteilung der Kosten nach ihrem Verhalten bei Veränderung der Beschäftigung führt zu den bereits beschriebenen variablen und fixen Kosten.

☐ **Betriebliche Funktionsbereiche**

Die Einteilung der Kosten erfolgt nach der organisatorischen Gliederung des Unternehmens, zum Beispiel Verwaltungskosten, Fertigungskosten.

Die Gliederungskriterien lassen sich zur folgenden Übersicht zusammenfassen:

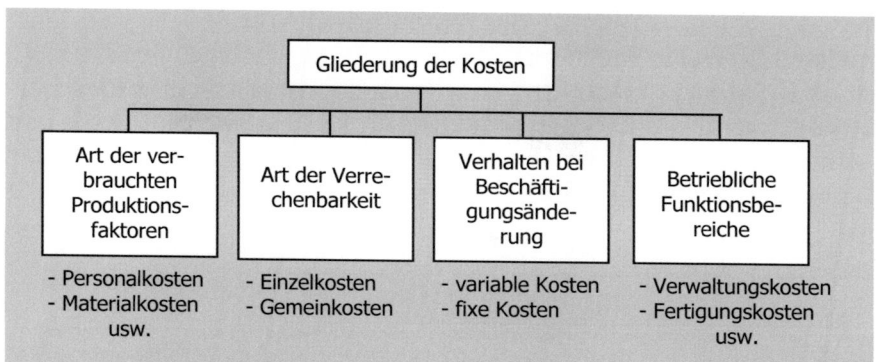

Abbildung 46: Gliederung der Kosten

7.5 Kostenstellenrechnung

Die Kostenstellenrechnung baut auf die Kostenartenrechnung auf, in der alle angefallenen Kosten des Unternehmens erfasst und gegliedert wurden. Hingegen den Einzelkosten, lassen sich die Gemeinkosten den Kostenträgern nicht direkt zurechnen. Allerdings können sie den einzelnen Funktionsbereichen des Unternehmens, den Kostenstellen, angerechnet werden.

7.5.1 Aufgabe

Die Hauptaufgabe der Kostenstellenbildung ist - unabhängig vom Gliederungskriterium und Tiefe der Gliederung - die verursachergerechte Erfassung, Dokumentation und Zuordnung von Gemeinkosten. Die Kostenstellenrechnung soll demnach Auskunft geben, wo die Kosten im Unternehmen angefallen sind. Diese Erkenntnis ermöglicht die Steuerung der Kosten in den Kostenstellen.

Daneben werden in der Kostenstellenrechnung, unter Zuhilfenahme des Betriebsabrechnungsbogens, die Zuschlagssätze für die Verrechnung der Gemeinkosten ermittelt. Diese sind für die im Anschluss an die Kostenstellenrechnung folgende Kostenträgerrechnung, insbesondere für Kalkulation, von Notwendigkeit.

7.5.2 Kostenstellenarten

In der Kostenstellenrechnung werden entsprechend der Struktur des Unternehmens (der Aufbauorganisation) Kostenstellen als die Orte der Kostenentstehung im Unternehmen gebildet.

Neben der organisatorischen Gliederung besteht die Möglichkeit, Kostenstellen auch nach Funktionsbereichen (z.B. Verwaltung, Beschaffung) oder nach Raumabgrenzungen (z.B. Produktionshalle A und B) zu bilden. Die Untergliederung der Kostenstellen kann je nach Interesse und Nutzensabwägung bis zum einzelnen Arbeitsplatz reichen; in diesem Fall wird von der Platzkostenrechnung gesprochen.

Je nach Art der erstellen Leistung werden die Kostenstellen üblicherweise wie folgt gegliedert:

☐ **Hauptkostenstellen / Endkostenstellen**

Hauptkostenstellen sind am Leistungsprozess direkt beteiligt, sie geben eine Leistung an externe Empfänger ab (z.B. Kunden) und sind somit einem Kostenträger direkt zuordenbar; sie erhalten im Regelfall von internen Kostenstellen Leistungen

Beispiel: Fertigungskostenstelle, Vertriebskostenstelle

☐ **Nebenkostenstellen**

Nebenkostenstellen können am Leistungsprozess direkt beteiligt sein, sie erhalten von anderen Kostenstellen Leistungen und geben sie intern an andere Kostenstellen ab

Beispiel: Kostenstelle "Materiallager"

☐ **Hilfskostenstellen**

Hilfskostenstellen sind am Leistungsprozess nicht direkt beteiligt, sie geben nur an andere Kostenstellen Leistungen ab und unterstützen die Leistungsbereitschaft der Hauptkostenstellen

Beispiel: Kostenstelle "Empfang" bzw. "Pforte"

7.5.3 Betriebsabrechnungsbogen

Das zentrale Element der Kostenstellenrechnung ist der Betriebsabrechnungsbogen (BAB). Er bildet alle in der Kostenartenrechnung erfassten Kosten nach Ermittlung der Kostenstellen in Form einer Matrix ab und stellt ein Hilfsmittel zur verursachergerechten Zuordnung der Gemeinkosten auf die Hauptkostenstellen dar.

Der grundsätzliche (schematischer) Aufbau eines BAB sieht folgendermaßen aus:

Kostenstelle Kosten-arten	Vorkostenstellen		Endkostenstellen	
	Hilfskosten-stelle I	Hilfskosten-stelle II	Hauptkosten-stelle I	Hauptkosten-stelle II
Personalkosten				
Materialkosten				

Abbildung 47: Schematischer Aufbau eines Betriebsabrechnungsbogens

Ein einfacher Betriebsabrechnungsbogen besteht aus den vier Hauptkostenstellen (Beschaffungl, Fertigung, Verwaltung und Vertrieb), er wird auch einstufiger BAB genannt und enthält keine Hilfskostenstellen. Diese vier Hauptkostenstellen finden sich in der später dargestellten differenzierten Zuschlagkalkulation wieder. Beim mehrstufigen BAB werden die Hilfskostenstellen mit berücksichtigt, sie werden durch die innerbetriebliche Leistungsverrechnung auf die Hauptkostenstellen verrechnet.

☐ Primärkostenrechnung

In der Primärkostenrechnung werden alle Gemeinkosten, die einem Kostenträger direkt zurechenbar sind, auf die vorhandenen Hauptkostenstellen verteilt. Entweder können die angefallenen Kosten anhand von Belegen (z.B. Entnahmeschein bei Hilfs- und Betriebsstoffen) oder über Verteilungsschlüssel (z.B. die Raumgröße in m³ bei den Heizungskosten) auf die Kostenstellen verteilt werden.

Beispiel: Für die Herstellung von Produkten in einer Fabrik fallen Gemeinkosten in Form von Löhnen an; anhand von Arbeitsstundennachweisen können sie einem Kostenträger genau zugerechnet werden.

☐ Sekundärkostenrechnung

In der Sekundärkostenrechnung werden die Gemeinkosten verrechnet, die nicht direkt für einen Kostenträger entstehen, sondern mit der Leistungserbringung durch andere Kostenstellen im Produktionsprozess verflochten sind. Die innerbetriebliche Leistungsverrechnung erfolgt in Abhängigkeit von der Art der Leistungsverflechtung, zum Beispiel bei einem einseitigen Leistungsaustausch mittels des Block- oder des Treppenverfahrens.

Beispiel: In der Fabrik gibt es eine Werkskantine, die darin anfallenden Gemeinkosten können der Fertigungskostenstelle nicht direkt zugerechnet oder z.B. mittels einem Entnahmeschein ermittelt werden. In diesem Fall müssen die Kosten der Werkskantine mittels mathematischer Verfahren auf die Kostenträger umgelegt werden.

Nach Abschluss der Primär- und der Sekundärkostenrechnung sind alle angefallenen Gemeinkosten den Hauptkostenstellen zugeordnet. Im letzten Schritt der Kostenstellenrechnung werden mittels der Gemeinkostensumme je Kostenträger die Gemeinkostenzuschläge ermittelt. Die Zuschlagssätze zeigen auf, in welchem Maß die Kostenträger die Neben- und Hilfskostenstellen in Anspruch nehmen. Des Weiteren werden die Zuschlagssätze für die Kalkulation benötigt. Der jeweilige Zuschlagssatz errechnet sich anhand folgender allgemeingültiger Formel:

$$\text{Gemeinkostenzuschlagssatz} = \frac{\text{Gemeinkosten}}{\text{Bezugseinzelkosten}} * 100$$

7.6 Kostenträgerrechnung

 Beherrschung der Kalkulation

Die Kostenträgerrechnung ist der letzte Schritt der Kostenrechnung und hat die Aufgabe, die Kosten nach den damit erzeugten Produkten bzw. erbrachten Leistungen, d.h. nach den dazugehörigen Kostenträgern, zusammenzufassen.

Die Kostenträger haben den Verbrauch an Gütern und Leistungen verursacht, entsprechend müssen sie die Kosten tragen. Nach der Position der Kostenträger im Produktionsprozess werden sie untergliedert in:

- Absatzleistung: Kostenträger, die das Unternehmen verlassen
- innerbetriebliche Leistung: Kostenträger, die im Unternehmen verbraucht werden

Durch die Kostenträgerrechnung werden die Kosten je Leistungseinheit (Produkt / Dienstleistung) sowie die Kosten aller Leistungseinheiten einer bestimmten Periode ermittelt und anschließend den entsprechenden betrieblichen Ergebnissen gegenübergestellt. Dadurch trägt die Kostenträgerrechnung wesentlich zur Steuerung der Wirtschaftlichkeit und somit zum Unternehmenserfolg bei.

7.6.1 Gliederung und Aufgabe

Die Kostenträgerrechnung gliedert sich entsprechend ihrer Aufgabe in die Kostenträgerstückrechnung und die Kostenträgerzeitrechnung.

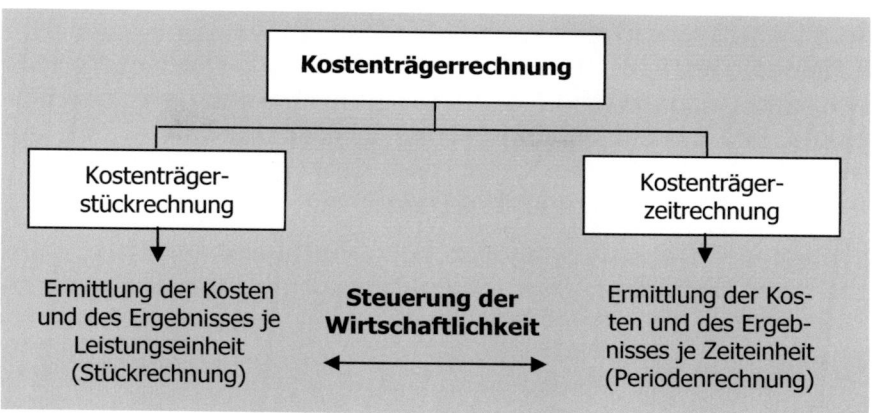

Abbildung 48: Gliederung der Kostenträgerrechnung

Durch die Kostenträgerrechnung werden die Kosten je Leistungseinheit (Produkt / Dienstleistung) sowie die Kosten aller Leistungseinheiten einer bestimmten Periode ermittelt. Zudem bezieht die Kostenträgerrechnung die Ergebnisse der Finanzbuchhaltung (GuV) mit ein und erlaubt somit eine Erfolgsrechnung.

◻ Kostenträgerstückrechnung

Die Kostenträgerstückrechnung ermittelt die gesamten entstandenen Kosten für eine Leistungseinheit (Kostenträger). Für die Kostenträgerstückrechnung steht synonym der Begriff der **Kalkulation**. In Abhängigkeit vom Zeitpunkt der Kalkulation unterscheidet man:

- Vorkalkulation (Kostenermittlung der künftigen Leistungserbringung)
- Zwischenkalkulation (Kostenermittlung während der Leistungserbringung)
- Nachkalkulation (Kostenermittlung nach Leistungserbringung)

Mittels der Kalkulation sollen vor allem zukünftige Preise ermittelt oder gegenwärtige Preise beurteilt werden. Im folgenden Kapitel werden die wichtigsten Kalkulationsverfahren näher beschrieben.

Werden bei der Kostenträgerstückrechnung die erzielten Stückergebnisse berücksichtigt, dann ist eine Stückerfolgsrechnung möglich.

◻ Kostenträgerzeitrechnung

Die Kostenträgerzeitrechnung ermittelt die gesamten entstandenen Kosten, gegliedert nach Kostenträgern, für eine bestimmte Abrechnungsperiode. Durch die Berücksichtigung der Ergebnisse (Zweckerträge) derselben Periode wird aus der reinen Kostenrechnung die bedeutungsvolle Kosten- und Leistungsrechnung. Zur wirksamen Kosten- und Leistungsrechnung wird die Betrachtungsperiode sehr kurz gewählt - zum Beispiel ein Monat; aus diesem Grund wird die Kostenträgerzeitrechnung auch als **kurzfristige Erfolgsrechnung** bezeichnet.

Die im Rahmen der Kostenträgerrechnung durchgeführten Erfolgsrechnungen, vor allem die kurzfristige Erfolgsrechnung, tragen wesentlich zur Steuerung der Wirtschaftlichkeit und somit zum Unternehmenserfolg bei.

7.6.2 Kalkulationsverfahren

Für die Kalkulation stehen verschiedene Kalkulationsverfahren zur Verfügung, die sich zu folgenden Gruppen zusammenfassen lassen:

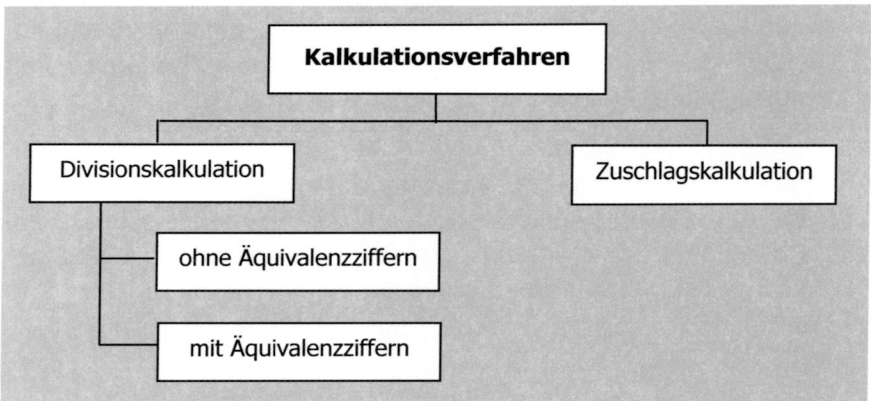

Abbildung 49: Kalkulationsverfahren

Die Anwendung eines dieser Verfahren ist insbesondere vom Produktionsverfahren abhängig. Es lassen sich folgende typische Produktionsverfahren unterscheiden:

- Massenfertigung: ein Produkt wird regelmäßig, in sehr großen Stückzahlen sowie ohne Veränderungen hergestellt
- Sortenfertigung: verschiedenen Produkte werden regelmäßig hergestellt und ähneln sich sehr nach den Rohstoff oder dem Produktionsverfahren

• Mehrproduktfertigung: verschiedene Produkte werden regelmäßig hergestellt, es bestehen aber keine Beziehungen/Gemeinsamkeiten zwischen den Produktionsverfahren

Als Kalkulationsverfahren werden üblicherweise nur die Äquivalenzziffernkalkulation und die Zuschlagskalkulation in Unternehmen angewandt.

7.6.3 Divisionskalkulation

Die Divisionskalkulation ohne Äquivalenzziffernkalkulation ist die einfachste Kalkulationsform. Sie findet nur noch bei der Produktion von einfachen, homogenen Massengütern Verwendung. Es erfolgt keine Differenzierung der Kosten nach Einzel- oder Gemeinkosten.

Zur Berechnung der Stückkosten werden die Gesamtkosten der Periode durch die Summe aller Leistungsmengen der betrachteten Periode dividiert. Vorraussetzung ist, dass nur ein Kostenträger im Unternehmen vorhanden ist.

$$\text{Stückkosten} = \frac{\text{Gesamtkosten}}{\text{Gesamte Leistungsmenge}}$$

7.6.4 Äquivalenzziffernkalkulation

Die Äquivalenzziffernkalkulation findet Anwendung bei Unternehmen mit mehreren gleichartigen Produkten und stellt eine Weiterentwicklung der Divisionskalkulation dar.

Bei dieser Kalkulationsmethode wird davon ausgegangen, dass mehrere Kostenträger im Unternehmen vorhanden sind und die Kosten der gleichartigen Produkte in einem bestimmten Verhältnis zueinander stehen. Dieses Verhältnis wird durch Äquivalenzziffern abgebildet, die als Gewichtungsfaktoren bzw. Wertigkeitszahlen auf verschiedenen Wegen unternehmensintern ermittelt werden können. Mittels der Äquivalenzziffern wird die Menge der gleichartigen Produkte rechnerisch zu einem Produkt. Dies ist die Grundlage für die anschließende Anwendung der bereits dargestellten Divisionskalkulation.

Die Vorgehensweise der Berechnung soll anhand des folgenden Beispiels kurz erläutert werden.

Beispiel: Ein Unternehmen stellt die gleichartigen Produkte: Vollmilchschokolade (A), Nugatschokolade (B) und Nussschokolade (C) her, die

Gesamtkosten betragen 900.000 EUR. Vollmilchschokolade ist für das Unternehmen das Einheitsprodukt und erhält daher die Äquivalenzziffer 1,0, für die anderen Produkte B und C wurden die Werte 0,7 bzw. 1,3 unternehmensintern ermittelt.

Sorte	Menge (1)	Äquiva-lenzziffer (2)	*Berechnung der rechnerischen Gesamtmenge = (1)*(2)*	Stückkosten je Sorte = rechnerische Stückkosten * (2)	Gesamtkosten je Sorte = Stückkosten je Sorte* (1)
A	3.000	1,0	*3.000*	98,90 €	296.703,30 €
B	5.000	0,7	*3.500*	69,23 €	346.153,85 €
C	2.000	1,3	*2.600*	128,57 €	257.142,86 €
Σ / Kon-trolle	10.000		*9.100*	296,70 €	900.000,00 €

Nebenrechnung (Divisionskalkulation):

$$\text{Rechn. Stückkosten (98,9 €)} = \frac{\text{Gesamtkosten (900.000 €)}}{\text{Rechn. Gesamtmenge (9.100)}}$$

Zusammengefasst erfolgt die Äquivalenzkalkulation in den Schritten:
1. Berechnung der rechnerischen Gesamtmenge
2. Berechnung der rechnerischen Stückkosten
3. Ermittlung der Stückkosten je Sorte (Die Stückkosten je Sorte ergeben sich durch Multiplikation der rechnerischen Stückkosten mit der jeweiligen Äquivalenzziffer.)
4. Ermittlung der Gesamtkosten je Sorte (Die Gesamtkosten je Sorte werden jeweils durch Multiplikation der Stückkosten je Sorte mit der rechnerischen Menge ermittelt.)

7.6.5 Zuschlagskalkulation

Die Zuschlagskalkulation wird verwendet, wenn im Unternehmen mehrere verschiedenartige Produkte bzw. Dienstleistungen hergestellt werden. Sie wird in Unternehmen am häufigsten verwendet.

Im Gegensatz zu den bereits dargestellten Kalkulationsverfahren erfolgt bei der Zuschlagskalkulation eine Trennung der Kosten in Einzel- und Gemeinkosten. Je nach der Genauigkeit, die sich aus der Anzahl der

Zuschlagssätze ergibt, wird die Zuschlagskalkulation in summarische und differenzierte Zuschlagskalkulation unterteilt.

☐ Summarische Zuschlagskalkulation

Die summarische Zuschlagskalkulation stellt das einfachere Verfahren dar, da dabei alle Gemeinkosten mittels nur eines einzigen (einheitlichen) Zuschlagsatzes auf die Kostenträger verrechnet werden.

Der Zuschlagsatz einer Periode ergibt sich aus der Division aller Gemeinkosten durch die Summe aller Einzelkosten.

$$\text{Zuschlagsatz} = \frac{\text{Gesamtgemeinkosten}}{\text{Gesamteinzelkosten}} * 100$$

Die Berechnung der Selbstkosten ergibt sich aus der Folgerechnung:

Stückeinzelkosten

+ Zuschlagsatz in % von Stückeinzelkosten

= Selbstkosten je Stück

Die summarische Zuschlagkalkulation ist zwar einfach und macht die Kostenstellenrechnung überflüssig, sie ist aber gleichzeitig ungenau.

☐ Differenzierte Zuschlagskalkulation

Die differenzierte Zuschlagskalkulation ist das genauere Verfahren und bedarf im Vorfeld einer Kostenstellenrechnung. Für die Verteilung der Gemeinkosten der einzelnen Kostenstellen auf die Kostenträger werden getrennte (differenzierte) Zuschlagssätze anhand des Betriebsabrechnungsbogens ermittelt.

Um die Zahl der Zuschlagssätze überschaubar zu halten, werden meistens nur für die vier großen Bereiche der Gemeinkosten getrennte Zuschlagssätze ermittelt - Material, Fertigung, Verwaltung und Vertrieb. Die entsprechenden Einzelkosten werden aus der Kostenartenrechnung direkt übernommen.

Im Ergebnis ergibt sich folgende Struktur der differenzierten Zuschlagskalkulation:

(1)   Materialeinzelkosten

    + Materialgemeinkosten in % von (1)

(2)   + Fertigungseinzelkosten

    + Fertigungsgemeinkosten in % von (2)

    + Sondereinzelkosten der Fertigung

(3)   = Herstellkosten je Stück

    + Verwaltungsgemeinkosten in % von (3)

    + Vertriebsgemeinkosten in % von (3)

    + Sondereinzelkosten des Vertriebs

    = Selbstkosten je Stück

8 Finanzierung

 Vertrautheit der Kapital- und Finanzierungsarten

 In jedem Unternehmen gibt es neben dem leistungswirt-
schaftlichen Bereich - wo mittels der Verknüpfung der
Produktionsfaktoren ein Gut oder eine Dienstleistung
erstellt werden - den finanzwirtschaftlichen Bereich.

Der finanzwirtschaftliche Bereich beschäftigt sich ausschließlich mit dem Produktionsfaktor Kapital. Der leistungs- und der
finanzwirtschaftliche Bereich stehen in ständiger, wechselseitiger Beziehung zueinander.

8.1 Grundlagen

8.1.1 Aufgaben der betrieblichen Finanzwirtschaft

Die betriebliche Finanzwirtschaft hat mehrere Aufgaben, zu den Hauptaufgaben zählen:

- die Finanzierung: Beschaffung von Kapital für das Unternehmen
- die Investition: Verwendung des Kapitals im Unternehmen
- der Zahlungsverkehr: Verwaltung des Kapitals

Die drei Bereiche der Finanzwirtschaft - Finanzierung, Investition und
Zahlungsverkehr - müssen als ein geschlossener finanzwirtschaftlicher
Prozess geplant, gesteuert und kontrolliert werden. Die Abläufe erfolgen
nach dem bereits bekannten Planungsprozess (vergleiche Kapitel 2.1.3,
Abb. 11).

Die finanzwirtschaftlichen Ziele können sehr verschieden sein und werden im nächsten Kapitel beschrieben.

8.1.2 Ziele der betrieblichen Finanzwirtschaft

Für die betriebliche Finanzwirtschaft sind insbesondere die folgenden
vier Ziele von großer Bedeutung, weil sie die langfristige Existenz des
Unternehmens sichern:

▢ Rentabilität

Die Gewährleistung der Rentabilität kann als oberstes Ziel der betrieblichen Finanzwirtschaft angesehen werden, denn sie verkörpert die Gewinnmaximierung innerhalb des Unternehmens. Zur Steigerung stehen einige Stellschrauben zur Verfügung. So kann zum Beispiel durch den Abbau von liquiden Beständen, die nur eine sehr geringe Verzinsung erzielen, auf das betriebsnotwenige Minimum und durch eine günstigere Investition am Kapitalmarkt eine höhere Rendite erzielt werden.

Aus dem Verhältnis von Gewinn und eingesetzten Kapital errechnet sich die jeweilige Rentabilität, so zum Beispiel die Eigenkapitalrentabilität:

$$\text{Eigenkapitalrentabilität} = \frac{\text{Gewinn}}{\text{Eigenkapital}} * 100$$

▢ Liquidität

Kann ein Unternehmen seine laufenden Zahlungsverpflichtungen fristgemäß und termingerecht ausführen, dann ist es zahlungsfähig. Die Sicherung und Steuerung der Liquidität soll diese Zahlungsfähigkeit jederzeit gewährleisten, weil ein zahlungsunfähiges Unternehmen Insolvenz anmelden müsste und dadurch seine Existenz gefährdet ist.

Wie bereits erwähnt, ist die Liquidität ein Nebenaspekt der Rentabilität und kann zu einer konkurrierenden Zielsetzung führen, jedoch nur soweit, dass die Rentabilität nicht gefährdet wird.

Nach dem Grad der Liquidität kann wie folgt unterschieden werden:

- Illiquidität (absolute Zahlungsunfähigkeit)
- Unterliquidität (befristete Zahlungsunfähigkeit)
- optimale Liquidität (Zahlungsfähigkeit entspricht Bedarf)
- Überliquidität (Zahlungsfähigkeit über dem Bedarf)

Zur Beurteilung der Zahlungsfähigkeit werden entsprechende Kennzahlen ermittelt, wie zum Beispiel (weitere siehe Kapitel Controlling):

$$\text{Liquidität 1. Grades} = \frac{\text{Zahlungsmittel}}{\text{Kurzfristige Verbindlichkeiten}} * 100$$

☐ Finanzielle Unabhängigkeit

Neben den beiden Hauptzielen - Rentabilität und Liquidität - hat die betriebliche Finanzwirtschaft die finanzielle Unabhängigkeit des Unternehmens im Auge zu behalten. Die finanzielle Unabhängigkeit ist vor allem dann gefährdet, wenn ein hoher Fremdkapitalanteil im Unternehmen steckt, da die Fremdkapitalgeber als Gegenleistung für ihr Engagement ein Mitspracherecht bei unternehmerischen Entscheidungen einfordern.

☐ Finanzielle Sicherheit

Die finanzielle Sicherheit ist bei allen finanzwirtschaftlichen Entscheidungen das konkurrierende Ziel. Im Vordergrund steht die Sicherheit und Erhaltung der finanziellen Mittel, das heißt die Vermeidung von Verlusten. Dabei ist allerdings zu bedenken, dass bei geringen Risiken auch die Aussichten auf hohe Rendite gering sind. Es muss also bei finanzwirtschaftlichen Entscheidungen der richtige Mix aus Sicherheit und Rentabilität gefunden werden.

8.1.3 Begriffe der betrieblichen Finanzwirtschaft

Im Rahmen der betrieblichen Finanzwirtschaft werden weitere Begriffspaare aus dem betrieblichen Rechnungswesen erläutert werden.

Die betriebliche Finanzwirtschaft betrachtet vor allem die Wertebene der Zahlungsmittel - und die Geldvermögensebene. Für jede Ebene werden verschiedene Strömungs- oder Bestandsgrößen (bzw. Begriffspaare) verwendet, die in gegenseitiger Wechselwirkung stehen.

In der Zahlungsmittelebene (betrachtet Strömungsgrößen) wird der Zahlungsverkehr eines Unternehmens erfasst, welcher in Form von Bar- oder Buchgeld (Zahlungsmittel) von statten geht. Dabei werden folgende Begriffspaare verwendet:

☐ Einzahlung

Tatsächlicher Zahlungsmittelzufluss innerhalb einer Abrechnungsperiode, es kommt zur Erhöhung des Zahlungsmittelbestandes durch Zufluss liquider Mittel (Bar- oder Buchgeld)

☐ Auszahlung

Tatsächlicher Zahlungsmittelabfluss innerhalb einer Abrechnungsperiode; es kommt zur Minderung des Zahlungsmittelbestandes durch Abfluss liquider Mittel (Bar- oder Buchgeld)

Der Zahlungsmittelbestand errechnet sich wie folgt:

> Zahlungsmittelbestand am Anfang
>
> + Einzahlungen
>
> - Auszahlungen
> _____
>
> = Zahlungsmittelbestand am Ende

Die Geldvermögensebene (betrachtet Bestandsgrößen) erweitert den Zahlungsverkehr um Forderungen sowie Verbindlichkeiten. Das Geldvermögen errechnet sich wie folgt:

> Zahlungsmittelbestand
>
> + Forderungen
> _____
>
> - Verbindlichkeiten
> _____
>
> = Geldvermögen

In der Geldvermögensebene werden folgende Begriffspaare verwendet:

☐ **Einnahme**

Unternehmensvorgänge, die das Geldvermögen erhöhen; es kommt zur Steigerung der Liquidität

☐ **Ausgabe**

Unternehmensvorgänge, die das Geldvermögen mindern; es kommt zur Verringerung der Liquidität

Die Wechselwirkungen zwischen den Begriffspaaren zeigen sich erst im Alltag eines Unternehmens und sollen in den nachfolgenden Abbildungen veranschaulicht werden:

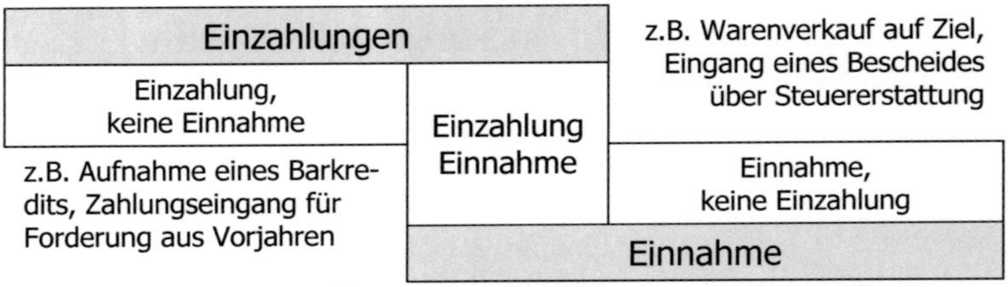

Einzahlungen		z.B. Warenverkauf auf Ziel, Eingang eines Bescheides über Steuererstattung
Einzahlung, keine Einnahme	Einzahlung Einnahme	
z.B. Aufnahme eines Barkredits, Zahlungseingang für Forderung aus Vorjahren		Einnahme, keine Einzahlung
		Einnahme

Abbildung 50: Gegenüberstellung von Einzahlungen und Einnahmen

Der Fall einer Einzahlung und gleichzeitig Einnahme liegt zum Beispiel dann vor, wenn innerhalb einer Periode Waren gegen Barzahlung verkauft werden. Hierdurch fließen liquide Mittel dem Unternehmen zu

(Einzahlung), der Zahlungsmittelbestand steigt und damit steigt auch das Geldvermögen des Unternehmens (Einnahme).

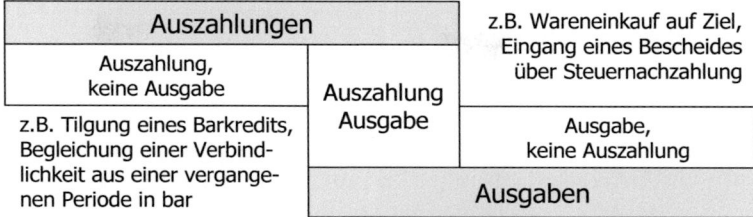

Abbildung 51: Gegenüberstellung von Auszahlung und Ausgabe

Der Fall einer Auszahlung und gleichzeitig Ausgabe liegt zum Beispiel dann vor, wenn innerhalb einer Periode Waren gegen Barzahlung eingekauft werden. Hierdurch fließen liquide Mittel aus dem Unternehmen ab (Auszahlung), der Zahlungsmittelbestand sinkt und damit sinkt auch das Geldvermögen des Unternehmens (Ausgabe).

8.2 Kapital und Vermögen

In der Betriebswirtschaftslehre wird Kapital - als einer der Produktionsfaktoren - grundsätzlich in abstraktes und konkretes Kapital unterteilt.

Beide Kapitalarten werden in der Bilanz abgebildet. Das abstrakte Kapital ist die Summe der Positionen auf der Passivseite der Bilanz, das konkrete Kapital spiegelt sich auf der Aktivseite der Bilanz wider. Die bilanziellen Bestandteile des abstrakten und des konkreten Kapitals sind im Handelsgesetzbuch genau definiert.

Das abstrakte Kapital wird weiter in die Bestandteile Eigen- und Fremdkapital unterteilt. Für das konkrete Kapital stehen die Begriffe Anlage- und Umlaufvermögen.

8.2.1 Eigenkapital

Das Eigenkapital verbleibt im Unternehmen zeitlich unbefristet und ist die Grundlage für die Unternehmensexistenz. Ein hoher Eigenkapitalanteil gewährleistet die Kreditwürdigkeit und erhöht im Insolvenzfall - je nach Rechtsform des Unternehmens - die Haftung, das eine höhere Sicherheit für die Gläubiger des Unternehmens bringt.

Daneben gibt ein hohes Eigenkapital finanzielle Unabhängigkeit, weil keine Beteiligungen Dritter notwendig sind und bei anstehenden Finanzierungen sofort eigenständig reagiert werden kann.

Der Anteil des Eigenkapitals am Gesamtkapital deutscher Unternehmen sinkt in den letzten Jahren zunehmend. Im Durchschnitt aller Wirtschaftszweige liegt er derzeit bei rund 20 %; bei Banken sind es durchschnittlich nur etwa 5 %.

8.2.2 Fremdkapital

Alle Schulden werden als Fremdkapital angesehen. Das Fremdkapital steht dem Unternehmen im Regelfall nur für eine befristete Zeit zur Verfügung und beruht meistens auf einem Rechtsgeschäft.

Der Gläubiger (Fremdkapitalgeber) erhält für den Zeitraum der Gewährung einen Zins und die vereinbarte Tilgungszahlung. Zusätzlich kann ihm ein Mitbestimmungsrecht eingeräumt werden.

8.2.3 Leverage-Effekt

Bei Betrachtungen der idealen Kapitalzusammensetzung ist eine Berücksichtigung des Leverage-Effektes notwendig. Hier sind vor allem die Rentabilitätskennzahlen von großer Bedeutung.

Der Leverage-Effekt besteht darin, dass die Zufuhr von Fremdkapital unter bestimmten Bedingungen bewirken kann, dass das Gesamtkapital eine höhere Verzinsung (Gesamtkapitalrentabilität) erwirtschaftet als die Verzinsung für das Fremdkapital beträgt. Im Ergebnis steigt die Eigenkapitalrentabilität, obwohl gleichzeitig auch die Verschuldung steigt.

Ein positiver Leverage-Effekt entsteht, solange die Gesamtkapitalrentabilität über dem Fremdkapitalzins liegt. Zudem muss der Verschuldungsgrad so gewählt sein, dass die anfallenden Kapitalkosten im Vergleich zu anderen Möglichkeiten am geringsten sind.

8.2.4 Vermögen

Das Vermögen drückt den Wert des konkreten Kapitals aus und stellt die Verwendung des abstrakten Kapitals innerhalb des Unternehmens dar. Weil das abstrakte Kapital in materielle bzw. immaterielle Wirtschaftsgüter umgewandelt wird, kann das Vermögen auch als Investitionen bezeichnet werden.

Diese Investitionen bestehen vor allem in der Form von Vermögensgegenständen des Anlagevermögens. Hierzu gehören all diejenigen Wirtschaftsgüter, die dazu bestimmt sind, dem Geschäftsbetrieb langfristig zu dienen. Je nach Art der Investition wird hauptsächlich unterschieden in:

- Finanzinvestition: langfristige Kapitalbindung in finanziellen Vermögensgegenständen, z.B. Beteiligungen und Wertpapiere
- Sachinvestition: langfristige Kapitalbindung in materielle Vermögensgegenständen, z.B. Gebäude und Maschinen

Es kann auch eine Unterteilung der Investitionen nach dem Zweck erfolgen, zum Beispiel Investitionen zur Gründung oder Erweiterung eines Unternehmens. Daneben gibt es Vermögensgegenstände, die nur kurzfristig (ca. 1 Jahr) im Unternehmen verbleiben; sie bilden das Umlaufvermögen.

8.3 Klassische Finanzierungsarten

Bei den klassischen Finanzierungsarten wird grundsätzlich nach der Rechtstellung des Kapitalgebers und der Herkunft der Finanzmittel unterschieden. Diese Unterscheidung kann stellenweise zu Überschneidungen und Missverständnissen führen.

Anhand der folgenden Matrix soll die Unterteilung der vier klassischen Finanzierungsarten dargestellt werden. Ausgehend von Herkunft der Finanzmittel werden anschließend die wichtigsten Finanzierungsarten näher erläutert.

Herkunft der Finanzmittel		*Kapitalgeber treten als Eigentümer auf*	*Kapitalgeber treten als Gläubiger auf*	
	Außenfinanzierung	Zufuhr von Eigenkapital	Zufuhr von Fremdkapital	*Kapital wird extern zugeführt*
	Innenfinanzierung	Interne Eigenfinanzierung	Interne Fremdfinanzierung	*Kapital wird intern gewonnen*
		Eigenfinanzierung	**Fremdfinanzierung**	

Rechtsstellung des Kapitalgebers

Abbildung 52: Matrix der klassischen Finanzierungsarten

8.3.1 Außenfinanzierung

Bei der Außenfinanzierung wird dem Unternehmen Kapital von außen zugeführt. Dies geschieht auf zwei Wegen, je nach der Rechtstellung des Kapitalgebers.

☐ Außenfinanzierung als Eigenfinanzierung

Diese Form der Außenfinanzierung wird auch Beteiligungsfinanzierung genannt, weil die Kapitalgeber entweder bereits Eigentümer (bzw. Miteigentümer) am Unternehmen sind oder sie erlangen Beteiligungsrechte als Gegenleistung für die Kapitalzufuhr - zum Beispiel durch Erhöhung der Gesellschaftereinlage oder Aufnahme neuer Gesellschafter.

☐ Außenfinanzierung als Fremdfinanzierung

Bei dieser Form wird von außen dem Unternehmen Fremdkapital zur Verfügung gestellt, so dass man auch von Kreditfinanzierung spricht.

Die Kreditfinanzierung kann in Form kurzfristiger Handels-, Geld- oder Leihkredite (z.B. Lieferantenkredit, Kontokorrentkredit, Lombardkredit, Akzeptkredit, Avalkredit) oder in Form längerfristiger Darlehen sowie Anleihen (z.B. Annuitätendarlehen, Industrieobligationen) erfolgen.

8.3.2 Innenfinanzierung

Die Innenfinanzierung geschieht durch interne Bereitstellung von Kapital, das heißt es wird dem Unternehmen kein Kapital von außen zugeführt. Für die interne Kapitalbereitstellung gibt es verschiedene Möglichkeiten, die nachfolgend unter zwei Obergriffen zusammengefasst werden.

☐ Innenfinanzierung als Eigenfinanzierung

Zweifelsohne gehört die Bereitstellung von Eigenkapital durch das Zurückbehalten (Thesaurieren) von Gewinnen und die daraus resultierende Bildung von Rücklagen zu den erstrebenswerten Finanzierungsarten. Je nachdem wie die Rücklagen ausgewiesen werden, wird von offener Selbstfinanzierung oder - bei stillen Rücklagen - von stiller Selbstfinanzierung gesprochen. Die stillen Rücklagen (Reserven) entstehen durch die Spielräume bei der Bewertung der Aktiv- und Passivpositionen der Bilanz.

Zu der Eigenfinanzierung gehört auch die Finanzierung aus sonstigen Kapitalfreisetzungen innerhalb des Unternehmens, zum Beispiel durch die Veräußerung von nicht mehr benötigten Vermögensgegenständen. Vor allem beim Umlaufvermögen können kurzfristig flüssige Mittel freigesetzt werden, zum Beispiel durch Reduzierung des Lagerbestandes, der Forderungen oder der Wertpapiere.

Daneben kann durch Outsourcing (Ausgliederung von Unternehmensbereichen) oder durch Rationalisierung des Leistungsprozesses eine Innenfinanzierung realisiert werden.

☐ **Innenfinanzierung als Fremdfinanzierung**

Eine klassische Form ist diesbezüglich die Finanzierung durch Pensionsrückstellungen.

Diese Rückstellungen werden im Unternehmen auf Grund vertraglicher Regelungen zur betrieblichen Altersvorsorge gebildet und beinhalten Beträge, die später an Arbeitnehmer auszuzahlen sind. Insofern stellen die Pensionsrückstellungen Fremdkapital dar, das jedoch dem Unternehmen nicht von außen zugeführt wird, sondern aus dem betrieblichen Umsatzprozess stammt und dem Unternehmen bis zur Auszahlung zur Verfügung steht.

8.4 Alternative Finanzierungsarten

Neben den dargestellten klassischen Finanzierungsarten gewinnen in der heutigen Zeit neue Varianten zur Finanzierung an Bedeutung. Sie werden vor allem als Alternativen zur klassischen Kreditfinanzierung angesehen und sollen unter anderem zu einer Verbesserung der Eigenkapitalquote führen. Die Eigenkapitalquote kann unter anderem durch der Ersetzung von Fremdkapital oder durch Erhöhung des Eigenkapitals verbessert werden.

Nachfolgend wird kurz auf Factoring, Leasing und Mezzanine-Kapital eingegangen.

8.4.1 Factoring

Beim Factoring, werden Forderungen aus Lieferungen und Leistungen an eine Factoring-Gesellschaft, der so genannten Factor verkauft. Grundlage ist, dass das Unternehmen seinen Kunden ein Zahlungsziel einräumt und somit einen Lieferantenkredit gewährt; hierdurch verschlechtert sich die Liquidität des Unternehmens.

Durch den Verkauf der Forderung an den Factor realisiert das Unternehmen sofort bis zu 90 Prozent der Forderungssumme. Den Rest kommt, abzüglich einer Provision, sobald die Forderung bezahlt ist. Dies gewährleistet die Liquidität des Unternehmens, durch den Wegfall der Forderungen wird gleichzeitig die Eigenkapitalquote erhöht. Im Regelfall werden das weitere Debitorenmanagement und das Risiko des Forderungsausfalls vom Factor übernommen.

8.4.2 Leasing

In Deutschland werden mittlerweile ein Teil der Investitionen durch Leasing getätigt. Damit ist Leasing eine echte Alternative zur Kreditfinanzierung.

Unter Leasing versteht man die zeitlich festgelegte Nutzungsüberlassung von Wirtschaftsgütern (z.B. Maschinen) unter Zahlung von vertraglich festgelegten Leasingraten. Das Leasing kann über Finanzierungsinstitute oder den Hersteller des Wirtschaftsgutes erfolgen.

Der Vorteil vom Leasing besteht darin, dass das Unternehmen die Wirtschaftsgüter nicht selbst voll finanzieren muss. Hiermit wird das Eigenkapital des Unternehmens geschont. Zudem sind Leasingraten steuerlich voll absetzbar.

8.4.3 Mezzanine-Kapital

Das Mezzanine-Kapital wird dem Unternehmen durch Dritte auf der Grundlage eines schuldrechtlichen Vertrages zugeführt. In Abhängigkeit von der vertraglichen Ausgestaltung weist es mehr eigenkapitaltypische oder mehr fremdkapitaltypische Elemente auf, so dass es seinem Wesen nach zwischen Eigenkapital und Fremdkapital anzusiedeln ist. Der Zweck dieser neuen Finanzierungsart besteht in der Stärkung des Eigenkapitals, ohne gleichzeitig die Beteiligungsverhältnisse am Unternehmen zu verändern.

Zum Mezzanine-Kapital zählen vor allem Nachrangdarlehen, Stille Beteiligungen, Genussrechte sowie Wandel- und Optionsanleihen.

Vom besonderen Interesse ist das Mezzanine-Kapital für mittelständische Unternehmen, welche in der Gründungsphase ihres Unternehmens stehen oder ein kostenintensives Projekt ohne Bankkredite finanzieren wollen.

III. Qualifikationsbereich
Controlling

9 Controlling

9.1 Aufgaben des Controllings

 Überblick über die Instrumente des Controllings

 Die zunehmende Komplexität von Unternehmen und die sich rasch wandelnden internen wie auch externen Rahmenbedingungen erschweren der Unternehmensführung zunehmend die rechtzeitige Erkennung von Problemen und deren Ursachen. Demzufolge ist es auch zunehmend schwieriger, passende Lösungen für die Probleme zu finden und umzusetzen.

Der Unternehmensführung müssen aus diesem Grund Instrumente zur Verfügung gestellt werden, mit derer Hilfe sie Probleme und deren Ursachen frühzeitig erkennen, Entwicklungen vorhersehen und Planungen vornehmen können. Daneben dürfen die Unternehmensziele, wie z.B. Gewinnerzielung und Sicherung der Existenz, nicht aus den Augen verloren werden.

Solche Instrumente, welche zur funktionsübergreifenden *Planung*, *Steuerung* und *Kontrolle* des Unternehmens aussagekräftige *Informationen* liefern, werden unter dem Begriff "**Controlling**" zusammengefasst.

Mittels der vernetzten Anwendung aller Controlling-Instrumente in allen Unternehmensbereichen wird das oberste Ziel des Unternehmens - langfristige Existenzsicherung sowie unternehmerischer Erfolg - gewährleistet.

9.1.1 Controlling als Denkweise

Die Effektivität und Effizienz des Controllings kann im Unternehmen nur zum Tragen kommen, wenn Controlling als Denkweise in der Unternehmenskultur, also in den Denkhaltungen, Wertvorstellungen und Gewohnheiten aller Mitarbeiter des Unternehmens, verankert ist. Die Denkweise zeigt sich vor allem in folgenden Punkten:

- gemeinsame Formulierung und Ausrichtung der Controlling-Aufgaben an den vereinbarten Unternehmenszielen

- Umsetzung des Controlling-Gedankens im täglichen Handeln aller Akteure eines Unternehmens

- Verständnis für Controlling als ein komplexes aber lernoffenes System, in dem man aus Fehlern lernt und angemessen auf Abweichungen zwischen Soll und Ist reagiert

Das Controlling wird demnach nicht als Kontrolle verstanden, sondern als eine Unterstützungsfunktion für alle Führungskräfte und Mitarbeiter im Unternehmen, mit denen im Team gemeinsam gearbeitet wird.

Dabei müssen die organisatorischen Rahmenbedingungen eingehalten werden, in dem beispielsweise das Controlling als Stabstelle in einer oberen Hierarchieebene eingegliedert ist. Dies zeigt nach außen den Stellenwert des Controllings im Unternehmen.

9.1.2 Controlling als Dienstleistung

Das Controlling hat gegenüber der Unternehmensleitung eine beratende Funktion. Diese bezieht sich auf die Ziel- und Strategiebildung, auf die Planung und auf die Steuerung des Unternehmens. Es ist also ein begleitender betriebswirtschaftlichen Service für das Management zur zielorientierten Planung und Steuerung.

Es wird für Controlling sehr oft der Vergleich mit dem Navigator auf einem Schiff, der den Kapitän beim Finden des richtigen Weges unterstützt, herangezogen. Der Weg (WEG) wird durch die Zielgrößen:

- Wachstum (W)

- Entwicklung (E) und

- Gewinn (G) symbolisiert.

Dabei wird unter Gewinn die Erreichung von finanziellen Zielen verstanden, also auch die ausschließliche Kostendeckung wie bei Non-Profit-Unternehmen.

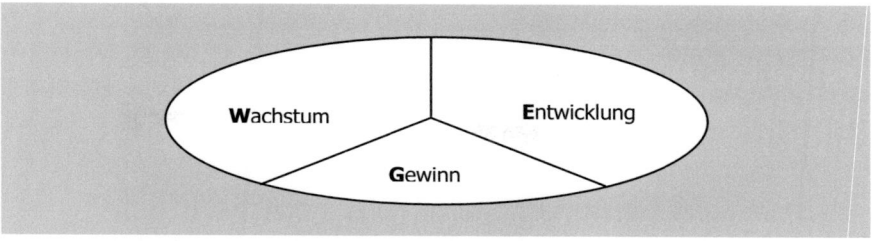

Abbildung 53: WEG des Controllings

Die Dienstleistung des Controllings besteht also darin, alle zur Verfügung stehenden internen wie externen Informationen und Zahlen zu erfassen, zu analysieren, zu bewerten und der Unternehmensführung aufbereitet zur Verfügung zu stellen. Dabei ist immer der richtige WEG im Auge zu behalten, weil ansonsten das Unternehmen schnell "weg" vom Markt ist.

9.1.3 Controlling als Prozess

Die vier Hauptaufgabenfelder des Controllings - Planung, Steuerung, Kontrolle und Information - werden nicht voneinander losgelöst betrachtet, sondern sind ein permanent ablaufender Prozess - in Form eines Regelkreises.

In einem Regelkreis gibt es einen ständigen Kreislauf von Informationen, mit denen eine vorgegebene Regelgröße über einen Regler gesteuert wird. Die permanente Rückmeldung des aktuellen Ist-Wertes, im Vergleich zum Soll-Wert, schafft die Vorraussetzung einer Anpassung/Steuerung des Ist-Wertes oder gegebenenfalls des Soll-Wertes. Für diese Form der Regelung wird oft der Begriff des kybernetischen Regelkreises verwendet.

Die Steuerung erfolgt zukunftsbezogen (Vorwärtskopplung), die Regelung bezieht sich auf Werte in der Vergangenheit (Rückwärtskopplung). Aufgrund dieser permanenten Kopplung ist eine ständige Anpassung der Werte möglich und bei Abweichungen notwendig.

Der Controlling-Prozess kann folgendes Aussehen haben:

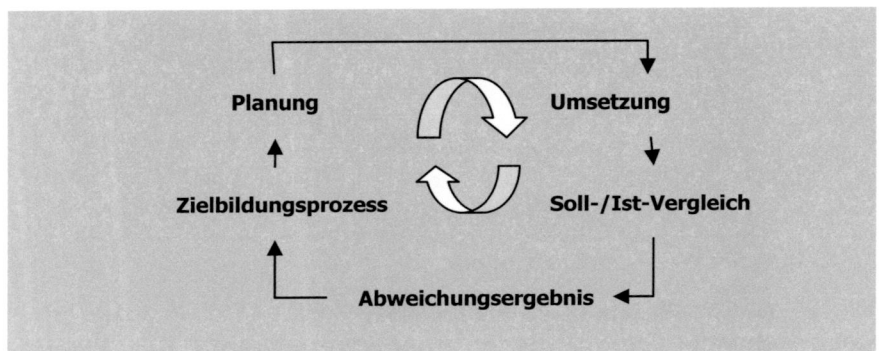

Abbildung 54: Controllingprozess

9.2 Controllingkonzepte

 Kenntnis des Einsatzes und der Wirkung

Das Controlling hat im Unternehmen, wie bereits dargestellt, eine bereichsübergreifende Dienstleistungsfunktion, welche die verantwortungsvolle, zielorientierte und wirtschaftliche Steuerung des Unternehmens unterstützt.

Es besteht hinsichtlich der Steuerungszeiträume und der Betrachtungsebene eine grundsätzliche Unterscheidung in strategisches Controlling und operatives Controlling. Das strategische Controlling konzentriert sich auf die langfristige Existenzsicherung des Unternehmens, während das operative Controlling eher auf die Gewinnerzielung ausgerichtet ist.

Strategisches Controlling	Operatives Controlling
Existenzsicherung	Gewinnerzielung
Strategische Planung	Operative Planung
Langfristiger Betrachtungszeitraum	Kurzfristiger Betrachtungszeitraum
Externe/ Interne Betrachtung	Interne Betrachtung
Chancen, Risiken, Stärken, Schwächen	Aufwendungen, Erträge, Kosten, Leistungen
„Die richtigen Aufgaben erledigen"	*„Die Aufgaben richtig erledigen"*

Tabelle 8: Unterscheidungskriterien der Controllingkonzepte

Das strategische und das operative Controlling können nicht streng voneinander getrennt werden, denn es besteht eine ständige Wechselwirkung zwischen diesen beiden Bereichen. Die operative Planung hängt sehr stark von der strategischen Planung ab. Umgekehrt liefern operative Überlegungen wichtige Impulse für die strategische Ausrichtung des Unternehmens.

9.2.1 Strategisches Controlling

Das strategische Controlling leistet Unterstützung bei der langfristigen, existenzsichernden Steuerung des Unternehmens. Es knüpft unmittelbar an die strategische Planung an, die sich zukunftsorientiert über mehrere Geschäftsjahre erstreckt. Es ist aus diesem Grund in der obersten Führungsebene angesiedelt.

In der Regel werden im strategischen Controlling die Stärken und Schwächen sowie Chancen und Risiken des Unternehmens gegenübergestellt und näher analysiert. Anhand dieser Erkenntnisse soll die Umsetzbarkeit der strategischen Planung hinsichtlich Ausbau der Stärken und Abbau der Schwächen näher untersucht werden. Dazu kommen die Analyse und Information über die zukünftigen Chancen und Risiken des Unternehmens, welche sich aus der bisherigen strategischen Planung ergeben.

9.2.2 Strategische Frühwarnsysteme

Das strategische Controlling beinhaltet die permanente Überwachung der Umweltveränderungen, um unter anderem Risiken bzw. Chancen für das Unternehmen bereits früh zu erkennen. Mögliche Veränderungen ergeben sich beispielsweise durch die rechtlichen-politischen Rahmenbedingungen, durch wissenschaftlich-technische Neuerungen, die ständigen Marktveränderungen oder in der konjunkturellen Entwicklung.

Es ist daher Aufgabe des strategischen Frühwarnsystems, Indikatoren festzulegen, anhand derer möglichst frühzeitig eine für das Unternehmen relevante Umweltveränderung erkennbar ist. Dies können negative als auch positive Aspekte sein.

Die folgende Auflistung zeigt mögliche Indikatoren:

- Entwicklungen am Kapitalmarkt, Verlauf der Aktienkurse
- Wirtschaftswachstum

- Kaufkraftindex
- Verlust von Marktanteilen

9.2.3 Operatives Controlling

Im Mittelpunkt des operativen Controllings stehen die detaillierten und konkretisierten Zielvorgaben der operativen Planung hinsichtlich der Gewinnerzielung innerhalb des Planungszeitraumes. Im Regelfall erstreckt sich dieser Zeitraum über die Dauer eines Geschäftsjahres. Zur Umsetzung tragen vor allem die mittleren und unteren Führungsebenen einen wesentlichen Beitrag.

Das operative Controlling analysiert und bewertet vor allem die Aufwendungen und Erträge auf der einen Seite und die Kosten und Leistungen der betrieblichen Leistungserstellung auf der anderen Seite. Anhand dieser Werte lassen sich anhand eines Soll-Ist-Vergleiches relativ leicht Veränderungen feststellen. Durch eine reaktive Veränderung entsteht ein Regelungssystem mit Rückkopplung, das eine kurzfristige Reaktion auf Veränderungen zulässt.

Daneben legt das operative Controlling Budgets bzw. Kostenvorgaben für die jeweiligen organisatorischen Einheiten des Unternehmens fest, deren Einhaltung überwacht werden muss.

9.2.4 Operative Frühwarnsysteme

Wie bei den strategischen Frühwarnsystemen muss es beim operativen Controlling ebenfalls Indikatoren zur frühzeitigen Erkennung von Abweichungen geben. Wegen der internen Fokussierung sind diese Indikatoren viel präziser und zuverlässiger.

Die folgende Auflistung zeigt mögliche Indikatoren:

- Kennzahlenveränderung, zum Beispiel Veränderung der Rentabilität
- Umsatzrückgänge
- Anstieg der Fremdkapitalquote
- Rückgang des Gewinns

9.3 Strategische Controlling-Instrumente

Die Controlling-Instrumente lassen sich entsprechend den Controllingkonzepten unterteilen, dabei sind die strategischen Instrumente stärker zukunftsbezogen und die operativen Instrumente stärker vergangenheits- bzw. gegenwartsbezogen. Im Rahmen des ganzheitlichen Controllings werden beide Instrumente kombiniert genutzt und ergänzen sich gegenseitig.

Der Einsatz von strategischen Controlling-Instrumenten dient zur langfristigen Sicherung der Existenz des Unternehmens. Entsprechend werden die Position am Markt, die Schwächen und Stärken des Unternehmens sowie die Vergleiche mit anderen Unternehmen herangezogen. Zu den klassischen strategischen Controlling-Instrumenten zählen unter anderem:

- strategische Planung
- Stärken- Schwächen- Analyse
- Produktlebenszyklus- Analyse
- Portfolio-Analyse
- Balanced Scorecard
- Target Costing
- Benchmarking

Auf die wichtigsten Instrumente wird nachfolgend etwas näher eingegangen.

9.3.1 Produktlebenszyklus-Analyse

Im Produktlebenszyklus wird in graphischer Form die Entwicklung des Umsatzes und des Gewinnes eines bestimmten Produktes oder einer Dienstleistung dargestellt - vergleiche nachfolgende Abbildung.

Bei strategischen Entscheidungen ist es unter anderem wichtig zu wissen, in welche Phase sich die angebotenen Produkte zum Betrachtungszeitraum befinden. Bei gesunden Unternehmen sollten sich der Großteil der angebotenen Güter oder Dienstleistungen in den ersten drei Phasen und nur ein Bruchteil in der Sättigungs- bzw. Degenerationsphase befinden.

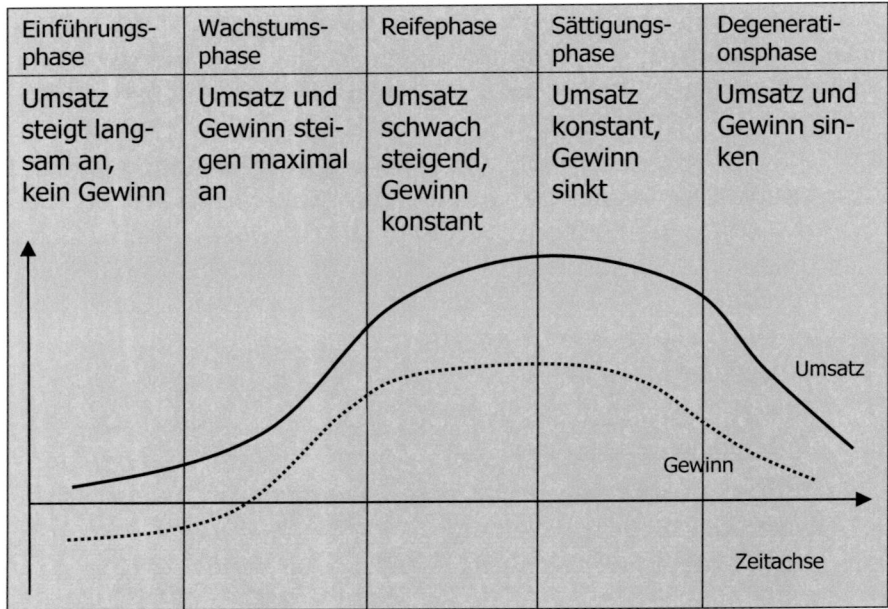

Einführungs-phase	Wachstums-phase	Reifephase	Sättigungs-phase	Degenerati-onsphase
Umsatz steigt lang-sam an, kein Gewinn	Umsatz und Gewinn stei-gen maximal an	Umsatz schwach steigend, Gewinn konstant	Umsatz konstant, Gewinn sinkt	Umsatz und Gewinn sin-ken

Abbildung 55: Produktlebenszyklus

9.3.2 Portfolio-Analyse

Für eine Portfolio-Analyse ist es notwendig, dass eine Aufteilung des Unternehmens in strategische Geschäftseinheiten (SGE) erfolgt. So ist eine abgegrenzte Darstellung und Analyse der entsprechenden Märkte für die Produkte der strategischen Geschäftseinheiten möglich.

Mittels der Portfolio-Analyse können anschließend strategische Entscheidungen der Unternehmensführung anhand einer einfachen und übersichtlichen Graphik abgeleitet und diskutiert werden.

Das Marktwachstum-Marktanteil-Portfolio ist eine der bekanntesten Portfolio-Analysen und soll näher betrachtet werden.

☐ Marktwachstums-Marktanteil-Portfolio

Im Marktswachstums-Marktanteil-Portfolio werden die Produkte der SGE nach dem zukünftig zu erwartenden Marktwachstum und dem relativen Marktanteil analysiert und bewertet. Zu beachten ist dabei, dass die Analyse und Bewertung auf theoretischen Annahmen beruht, die keine Garantie für den tatsächlichen zukünftigen Erfolg des Unternehmens darstellen. Im Ergebnis der Analyse werden die Produkte der SGE in die vier Felder der nachfolgend abgebildeten Matrix übertragen:

Abbildung 56: Marktwachstums-Marktanteil-Portfolio

Entsprechend ihrem Produktlebenszyklus haben die Produkte der SGE eine der dargestellten Positionen erreicht und kennzeichnen sich durch folgende Merkmale und strategische Lösungsansätze:

- *Fragezeichen:*
  Die Fragezeichen stehen am Anfang des Produktlebenszyklus. Noch ist ihr Marktanteil relativ niedrig, allerdings verspricht der Markt ein potenziell hohes Marktwachstum. Noch wird mit den Produkten kein Gewinn erwirtschaftet. Diese Produkte sind sozusagen die Investition in die Zukunft des Unternehmens. Ob sie erfolgreich werden oder vom Markt verschwinden, ist von vielen Faktoren abhängig.

  Strategie: Steigerung des Marktanteils oder bei aussichtslosen Chancen Eliminierung des Produktes

- *Sterne:*
  Die Sterne sind in der Wachstumsphase bzw. am Übergang in die Reifephase. Die hohen Marktanteile und die Aussicht auf weiteres Marktwachstum versprechen erste Gewinne.

  Strategie: Marktanteil halten und gegebenenfalls weiter ausbauen.

- *Milchkühe:*
  Die Milchkühe haben die Reifephase erreicht bzw. sind am Übergang zur Sättigungsphase. Ihr hoher Marktanteil ist trotz fehlender Aussicht auf Marktwachstum ein Garant für Gewinne. Diese werden für Investitionen im Unternehmen genutzt, zum Beispiel für neue Produkte.
  <u>Strategie:</u> Marktanteil halten und gegebenenfalls versuchen, die Gewinnspanne durch Optimierung zu steigern

- *Arme Hunde:*
  Die Armen Hunde stecken mitten in der Degenerationsphase. Ihre Aussichten auf Marktwachstum und Marktanteil sind sehr gering.
  <u>Strategie:</u> Eliminierung des Produktes, wenn kein positiver Beitrag für das Unternehmen vorhanden ist

Das Marktwachstum-Marktanteil-Portfolio ist als Methode genauso umstritten, wie es in der Betriebswirtschaft bekannt ist. Es wird vor allem die Fokussierung auf nur zwei Kriterien (Marktwachstum und relativer Marktanteil) kritisiert, die bei unternehmerischen Entscheidungen oft nicht ausreichend sind. Die resultierenden Normstrategien sind daher oft nicht praktikabel. So können "Arme Hunde" unter anderem zum positiven Image eines Unternehmens beitragen und dürfen nicht eliminiert werden, auch wenn sie nicht rentabel sind.

9.3.3 Balanced Scorecard

Die Balanced Scorecard (BSC) ist ein recht neues Managementinstrument des strategischen Controllings, das sich in zahlreichen Unternehmen zunehmend etabliert hat. Es ist ein umfassendes Management- und Führungsinstrument, das einerseits zur Einführung von Strategien sowie anderseits zur strategischen Kontrolle bzw. Steuerung seine Anwendung findet.

Ausgangspunkt der BSC sind die Unternehmensvisionen und die daraus resultierenden Strategien des Unternehmens. Die BSC verbindet bisherige, ausschließlich auf finanzielle Gesichtspunkte ausgerichtete klassische Kennzahlensysteme mit neuen Kennzahlen. Im Ergebnis werden die vier für ein Unternehmen wesentlichen Perspektiven in einem ganzheitlichen Kennzahlensystem betrachtet:

- die finanzielle Sicht (Finanzen)

- die Kundensicht (Kunden)
- die internen Prozesse und
- die Potentiale in Form von Lern- und Wachstumsperspektiven.

Das Wesensmerkmal der Balanced Scorecard ist zum einen die ganzheitliche Betrachtung der vier Perspektiven und zum anderen die Vernetzung des strategischen und des operativen Controllings sowie der zugrunde liegenden Planung innerhalb des Unternehmens.

In der folgenden Abbildung soll das Konzept der Balanced Scorecard vereinfacht dargestellt werden.

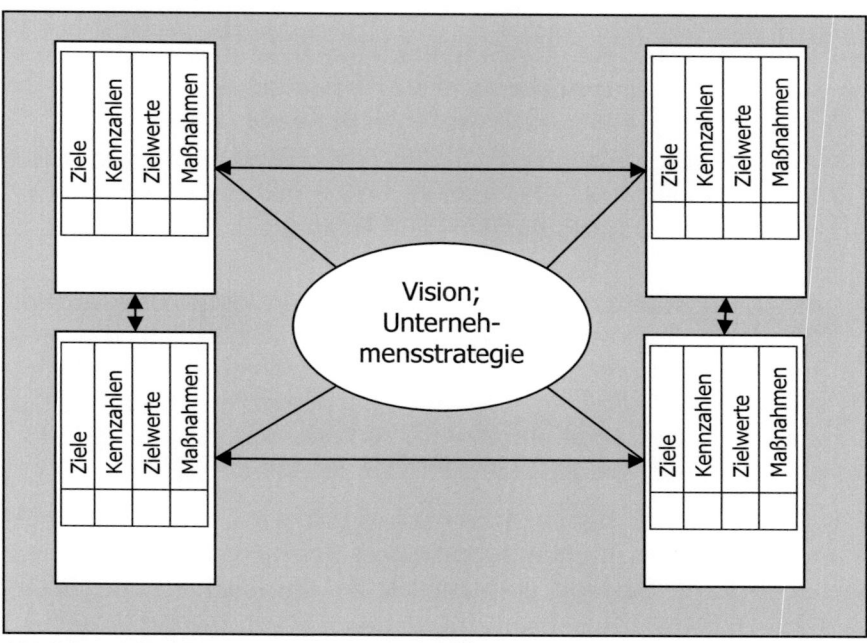

Abbildung 57: Konzept der Balanced Scorecard

Es ist Aufgabe der Unternehmensführung, zwischen allen Perspektiven eine Balance herzustellen. Jede Perspektive stellt für das Unternehmen eine Kernkompetenz dar und trägt maßgeblich für den Unternehmenserfolg bei.

Auf dem Weg zur unternehmensspezifischen Balanced Scorecard sind mehrere Schritte notwendig. An dieser Stelle soll nur kurz auf den Ablauf eingegangen werden:

Nach Festlegung der Unternehmensstrategie sind die Elemente und die Zielwerte der Perspektiven sowie die Kennzahlen zur Messung ihrer Umsetzung festzulegen. Es werden 15 bis 25 Kennzahlen innerhalb der BSC für optimal gehalten. Dies alles sind individuelle, unternehmensbezogene Größen, die jedes Unternehmen für sich entwickeln muss.

☐ **Beispiele für Perspektiv-Kennzahlen**

- Als Kennzahlen der Finanzperspektive sind Renditekennzahlen (z.B. Eigenkapitalrentabilität) oder Kennzahlen zur Finanz- und Ertragskraft (z.B. Cash-Flow) denkbar.

- Die Kennzahlen der Kundenperspektive müssen abbilden, inwieweit die Kundenzufriedenheit erfüllt worden ist (z.B. durch Befragung der Kunden oder Messung der Kundentreue).

- Anhand von Kennzahlen für die interne Prozessperspektive soll gezeigt werden, welche Abläufe und Strukturen optimiert werden müssen, um das Kunden- und Finanzziel zu erfüllen bzw. zu steigern.

- Aus der Perspektive der Potentiale steht der Mitarbeiter im Vordergrund. Um den permanenten Wandel in der Unternehmensumwelt zu bewerkstelligen, muss unter anderem die Mitarbeiterzufriedenheit stimmen. Die Kennzahlen der Potentialperspektive sollen beispielsweise anhand der Fehlzeitenquote oder der Fluktuationsrate aufzeigen, wie zufrieden die Mitarbeiter sind.

Das Ergebnis nach der Implementierung ist ein Ursache-Wirkungs-Verhältnis, an dessen Ende die messbare Realisierung des Unternehmensziels steht. So führt zum Beispiel die Qualifikation und Zufriedenheit der Mitarbeiter nicht nur zu qualitativen, sondern auch zu quantitativen Optimierungen; dies kann sich auf die Produktqualität sowie die Kundenzufriedenheit auswirken und bewirkt letztendlich einen finanziellen Erfolg des Unternehmens.

9.3.4 Benchmarking

Benchmarking ist die kontinuierliche Vergleichsanalyse der Leistungserstellung, von Prozessen und Methoden im eigenen Unternehmen mit denen des besten Konkurrenten. Zweck ist es, die Leistungslücke zum führenden Unternehmen in der Branche zu erkennen und systematisch zu schließen.

Es ist also ein Instrument der Wettbewerbsanalyse, mit dessen Hilfe die Marktposition eines Unternehmens bestimmt, kontrolliert und verbessert werden soll. Ausschlaggebend ist, dass für jeden angestrebten Vergleich derjenige Konkurrent herangezogen wird, der sich durch die Best Practice auszeichnet bzw. Best in Class, also führend auf diesem Gebiet ist.

Der Ablauf des Benchmarking beinhaltet im allgemeinen die folgende Schritte:

- (1) Auswahl des Objektes (Produkt, Methode, Prozess), das analysiert und verglichen werden soll
- (2) Festlegen der Vergleichswerte und Auswahl des Vergleichsunternehmens
- (3) Gewinnung von Daten über das Vergleichsunternehmen (über Sekundärinformationen wie z.B. Geschäftsberichte oder Primärinformationen wie z.B. Betriebsbesichtigungen)
- (4) Feststellung der unternehmenseigenen Leistungslücken und ihrer Ursachen
- (5) Ableitung der eigenen Best Practice

9.4 Operative Controlling-Instrumente

Der Einsatz von operativen Controlling-Instrumenten dient zur Realisierung und Überwachung der kurzfristigen Ziele sowie zur Steuerung des laufenden Geschäftes. Hierzu wird das Zahlenmaterial des Rechnungswesens zu Informationszwecken verwendet und entsprechend aufbereitet.

Zu den klassischen operativen Controlling-Instrumenten zählen unter anderem:

- Soll/Ist- Vergleiche
- Deckungsbeitragsrechnung
- Break-Even- Analyse
- Kennzahlen
- Kennzahlensysteme
- Budgetierung
- operative Planung (GuV, Bilanz, Liquidität)

9.4.1 Deckungsbeitragsrechnung

Die Deckungsbeitragsrechnung als klassisches operatives Controlling-instrument zur kurzfristigen Erfolgsrechnung soll vor allem zeigen, welchen Beitrag das jeweilige Produkt bzw. Dienstleistung zur Deckung der fixen Kosten im Unternehmen beiträgt. Daneben dient die Deckungsbeitragsrechnung als Grundlage für die Preispolitik des Unternehmens.

☐ **Wiederholung: Voll- und Teilkostenrechnung**

In fast jedem Unternehmen werden unterschiedliche Güter oder Dienstleistungen erstellt. Bei dieser Leistungserstellung fallen, wie bereits in der Kosten- und Leistungsrechnung dargestellt, unterschiedliche Kosten an. Die bisherigen Betrachtungen zur Kosten- und Leistungsrechnung erfolgten ausschließlich auf Grundlage der Vollkostenrechnung.

Bei der **Vollkostenrechnung** werden alle Kosten auf die Kostenträger verteilt. Die Einzelkosten werden direkt, die Gemeinkosten über zu ermittelnden Verteilungsschlüssel auf die jeweiligen Kostenträger verteilt. Auf Veränderung der Auslastung, also der Beschäftigung, reagiert die Vollkostenrechnung im Regelfall nicht marktgerecht und kann zu erheblichen unternehmerischen Fehlentscheidungen führen. Der Grund liegt unter anderem in der Proportionalisierung der fixen Kosten bei der Vollkostenrechnung.

Beispiel: Ein Unternehmen stellt eine Leistung mit Stückkosten 5 Euro her. Durch einen Zusatzauftrag soll die produzierte Menge um 10% erhöht werden, der Kunde ist allerdings nur bereit einen Stückpreis von 4 Euro zu bezahlen.

Aus Sicht der Vollkostenrechnung würden die fixen Kosten ebenfalls um 10% steigen. Zudem werden bei einem Stückpreis von 4 Euro die ermittelten Stückkosten nicht gedeckt, es droht ein Verlust. Aus diesem Grund wäre der Auftrag abzulehnen.

Tatsächlich sind die fixen Kosten aber beschäftigungsunabhängig, d.h. sie steigen bei einem zusätzlichen Auftrag im Regelfall nicht unmittelbar mit an. Außerdem führt die zusätzliche Auslastungssteigerung zu sinkenden Stückkosten. In Anbetracht dessen wäre der Auftrag doch anzunehmen.

Im Gegensatz zur Vollkostenrechnung erfolgt die Deckungsbeitrags-rechnung auf Grundlage der **Teilkostenrechnung** und soll die Fehler der Vollkostenrechnung bei der Preis- und Absatzpolitik vermeiden.

In der Teilkostenrechnung werden die Kosten ausschließlich in fixe (z.B. Miete) sowie variable Kosten (z.B. Materialkosten) unterteilt. Dies ist deshalb notwendig, weil bei der Eliminierung eines Produktes oder einer Dienstleistung nur die variablen, nicht aber die fixen Kosten verändert werden können.

Beispiel: Für die Produktion der Erzeugnisse A und B wird u.a. eine Werkhalle benötigt; eliminiert man das Erzeugnis A, dann ändert dies nichts an den Kosten für die Werkhalle (z.B. Miete).

☐ Berechnung Deckungsbeitrag

Der Deckungsbeitrag je Leistungseinheit **(Stückrechnung)** soll zeigen, welchen Beitrag das jeweilige Produkt bzw. Dienstleistung zur Deckung der fixen Kosten und zum Betriebsergebnis leistet. Grundsätzlich gilt, dass ein Produkt oder eine Dienstleistung solange produziert werden sollte, wie ein positiver Deckungsbeitrag erzielt wird.

Die Berechnung des Stückdeckungsbeitrages - mathematische abgekürzt: "db" - erfolgt nach der Rechnung:

> Erlös je Leistungseinheit
>
> - variable Kosten je Leistungseinheit
> ———————————————————
> = Stückdeckungsbeitrag

In der folgenden Abbildung sind der Stückdeckungsbeitrag und seine Berechnung zum besseren Verständnis noch mal graphischen dargestellt.

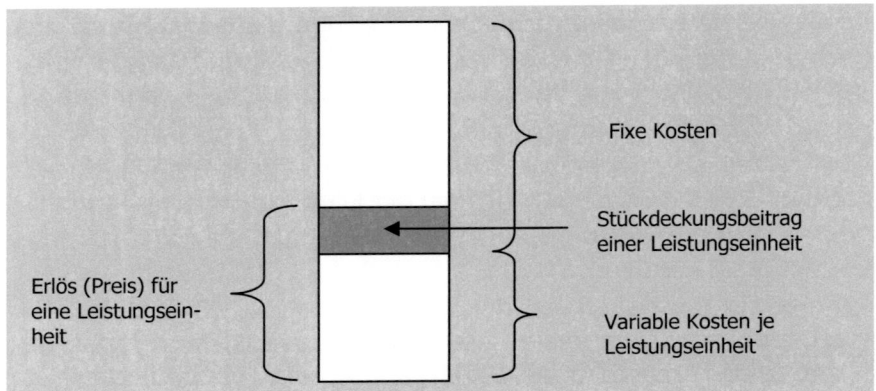

Abbildung 58: Stückdeckungsbeitrag

Je nachdem, wie groß der Stückdeckungsbeitrag (db) gegenüber den fixen Kosten (K_f) ist, kann es zu folgenden Situationen kommen:

db > K_f	die fixe Kosten werden vollständig gedeckt und es wird ein Gewinn erzielt
0 < db < K_f	die fixe Kosten werden nur teilweise gedeckt
db = K_f	die fixe Kosten werden vollständig gedeckt, ohne das Gewinn erzielt wird
db < 0	die fixen Kosten werden überhaupt nicht gedeckt

Der Gesamtdeckungsbeitrag - mathematische abgekürzt: "DB" - ergibt sich durch die Multiplikation des Stückdeckungsbetrages mit der produzierten bzw. abgesetzten Menge:

Gesamtdeckungsbeitrag [DB] = Stückdeckungsbeitrag [db] * Menge

Die Deckungsbeitragsrechnung kann zudem, im Rahmen der Erfolgsrechnung, als **Periodenrechnung** durchgeführt werden. Hierzu werden Fixkosten in die Berechnung einbezogen. Je nach rechnerischer Betrachtung der Fixkosten wird zwischen einstufiger und mehrstufiger Deckungsbeitragsrechnung unterschieden.

☐ Einstufige Deckungsbeitragsrechnung

Bei der einstufigen Deckungsbeitragsrechnung werden die gesamten Fixkosten der Abrechnungsperiode als einheitlichen Block angesehen.

Mittels der einstufigen Deckungsbeitragsrechnung ist es möglich, relativ schnell und einfach den Deckungsbeitrag einer Leistungseinheit zu ermitteln. Das ermittelte Betriebsergebnis der Abrechnungsperiode dient zur kurzfristigen Erfolgsrechnung, weitergehende Analysen - zum Beispiel hinsichtlich der Produktpolitik - sind nicht möglich.

Umsatzerlös der Abrechnungsperiode

- gesamte variable Kosten der Abrechnungsperiode

= Gesamtdeckungsbeitrag der Abrechnungsperiode

- gesamte fixe Kosten der Abrechnungsperiode

= Betriebsergebnis der Abrechnungsperiode

☐ **Mehrstufige Deckungsbeitragsrechnung**

Bei der mehrstufigen Deckungsbeitragsrechnung werden die Fixkosten aufgespalten, aber nicht sofort auf die Kostenträger umgelegt, sondern stufenweise zugeordnet.

Das Betriebsergebnis wird anhand der folgenden Rechnung ermittelt:

Umsatzerlös je Leistungseinheit

- variable Kosten je Leistungseinheit

= Deckungsbeitrag I

- Erzeugnisfixkosten

= Deckungsbeitrag II

- Bereichsfixkosten

= Deckungsbeitrag III

- Unternehmensfixkosten

= Betriebsergebnis

Der Sinn dieser stufenweisen Fixkostenumlage liegt vor allem darin, den großen Block der fixen Kosten näher analysieren zu können. Anhand der Erkenntnisse aus der jeweiligen Fixkostenebene (z.B. Erzeugnisfixkosten) sind - im Unterschied zur einstufigen Deckungsbeitragsrechnung - unternehmerische Entscheidungen bezüglich der Produktpolitik oder Optimierung der fixen Kosten möglich.

9.4.2 Break-Even-Analyse

Die Break-Even-Analyse (Gewinnschwellenanalyse) ist ein weiteres wichtiges Instrument der kurzfristigen Erfolgsplanung und Erfolgskontrolle.

Aufbauend auf den Grundlagen der Deckungsbeitragsrechnung wird bei der Break-Even-Analyse jener Punkt ermittelt, an dem der erzielte Umsatz und die angefallenen Gesamtkosten betragsmäßig genau übereinstimmen. Das Unternehmen erwirtschaftet an diesem so genannten Break-Even-Punkt (oder auch Gewinnschwelle) weder Verlust noch Gewinn, da folgendes gilt:

<u>es gilt allgemein:</u>
Gewinn (G) = Umsatz (U) - Gesamtkosten (K_{ges})

<u>am Break-Even-Punkt gilt:</u>
Gewinn (G) = 0   da   Umsatz (U) = Kosten (K_{ges})

Maßgeblich für die Berechnung des Break-Even-Punktes ist dabei die Aufteilung der Kosten in ihre fixen und variablen Bestandteile, weshalb die Break-Even-Analyse, wie die Deckungsbeitragsrechnung, zur Teilkostenrechnung gehört.

Die nachfolgende Abbildung zeigt die graphische Ermittlung bzw. Darstellung des Break-Even-Punktes:

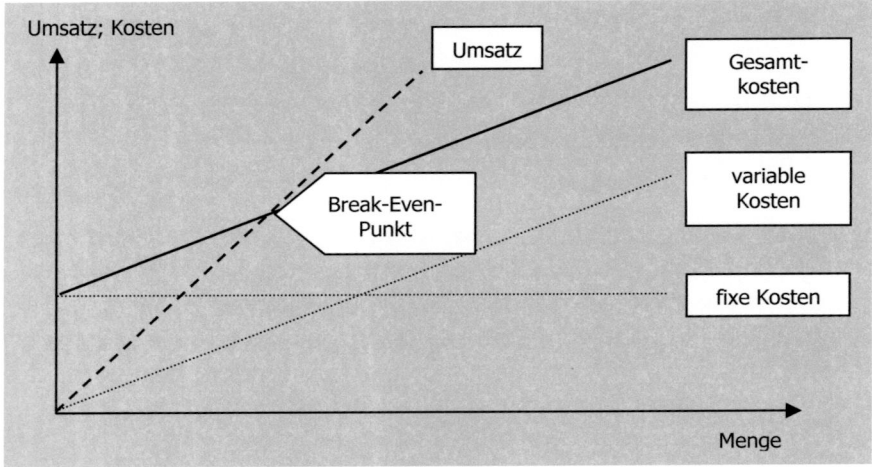

Abbildung 59: Graphische Darstellung des Break-Even-Punktes

Neben der grafischen Ermittlung kann der Break-Even-Punkt sehr leicht mathematische ermittelt werden. Bei Berechnungen zur Break-Even-Analyse muss unbedingt darauf geachtet werden, dass der Umsatz ohne Mehrwertsteuer anzusetzen ist. Ausgangspunkt für die Berechnung ist die eingangs dargestellte Formel:

$$U = K_{ges}$$

$$X * p = K_{fix} + (K_{var} * X)$$

Umsatz [U] , Menge [X] , Preis je Stück [p] , Kosten [K$_{ges}$] , fixe Kosten [K$_{fix}$] , variable Kosten [K$_{var}$]

Durch mathematische Umformung können anhand der Formel die Break-Even-Menge bzw. der Break-Even-Umsatz ermittelt werden.

▢ Berechnung Break-Even-Menge

Die Break-Even-Menge gibt an, wie viele Stückdeckungsbeiträge und somit wie viele Leistungseinheiten (Stückzahl) zur Deckung der fixen Kosten notwendig sind. Zur Berechnung werden daher die fixen Kosten durch den ermittelten Stückdeckungsbeitrag dividiert:

$$\text{Break-Even-Menge} = \frac{\text{Fixe Kosten}}{\text{Stückpreis - variable Stückkosten}} = \frac{K_{fix}}{db}$$

▢ Berechnung Break-Even-Umsatz

Der Break-Even-Umsatz gibt an, wie hoch der Stückerlös mindestens sein muss, um die Gesamtkosten zu decken. Er errechnet sich am einfachsten durch Multiplikation der Break-Even-Menge mit dem Stückpreis:

$$\text{Break-Even-Umsatz} = \frac{K_{fix}}{db} * \text{Preis je Stück [p]}$$

9.4.3 Kennzahlen

Einen besonderen Stellenwert bei den operativen Controlling-Instrumenten haben vor allem die verschiedenen Kennzahlen. Als Hilfsmittel zur realistischen Beurteilung der Unternehmenssituation und zur Entscheidungsfindung sowie als Messgröße beim internen und externen Benchmarking gehören sie zum unerlässlichen Handwerkszeug eines Unternehmers.

Die wichtigsten Funktionen der Kennzahlen sind:

- Messbarmachung von Zielvorgaben (Operationalisierung)
- Aufzeigen von Abweichungen bei Soll/Ist-Vergleichen
- Vorgabe als Zielgröße

Zur tatsächlichen Darstellung der Ertragslage sowie der Vermögens- und Kapitalstruktur eines Unternehmens wurden verschiedene Kennzahlen entwickelt, welche vor allem im Rahmen der Bilanzanalyse zum Tragen kommen. Die wichtigsten werden in der nachfolgenden Übersicht genannt und anschließend vorgestellt:

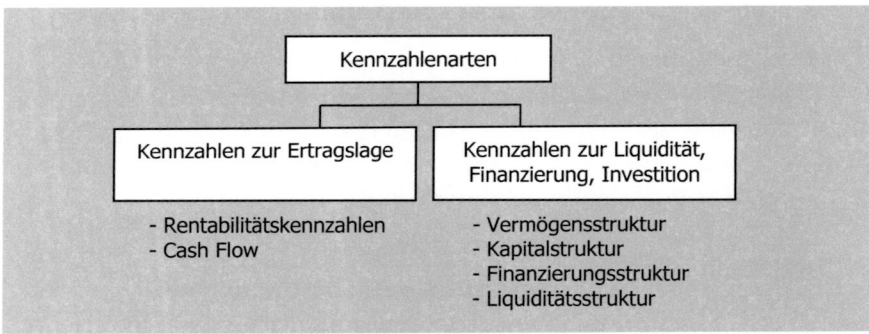

Abbildung 60: Übersicht der Kennzahlenarten

☐ Kennzahlen zur Rentabilität

Bei der Ermittlung der Kennzahlen zur Rentabilität wird das Betriebsergebnis (Gewinn) zu einer anderen Größe in Beziehung gesetzt.

$$\text{Gesamtkapitalrentabilität} = \frac{\text{Gewinn}}{\text{Gesamtkapital}}$$

$$\text{Eigenkapitalrentabilität} = \frac{\text{Gewinn}}{\text{Eigenkapital}}$$

$$\text{Umsatzrentabilität} = \frac{\text{Gewinn}}{\text{Umsatzerlöse}}$$

Anhand der Kennzahlen zur Umsatzrentabilität ist beispielsweise zu erkennen, wie viel das Unternehmen in Bezug auf 1 Euro Umsatz verdient hat; z.B. bedeutet eine Umsatzrendite von 10%, dass mit jedem umgesetzten Euro ein Gewinn von 10 Cent erwirtschaftet wurde. Eine steigende Umsatzrentabilität deutet bei unverändertem Verkaufspreis auf eine zunehmende Produktivität im Unternehmen hin, während eine sinkende Umsatzrentabilität auf sinkende Produktivität und damit auf steigende Kosten hinweist.

Neben den Rentabilitätskennzahlen spiegelt der Cash Flow die Ertrags- und Finanzlage eines Unternehmens sehr gut wieder. Der Cash Flow beantwortet unter anderem die Frage, wie viel Finanzmittel für Zwecke der Investition oder der Schuldentilgung das Unternehmen aus Umsatzerlösen eigenständig erwirtschaftet hat. Auf Grund der vielfältigen Aussagemöglichkeiten, die der Cash Flow bietet, wird er auch unter den Kennzahlen zur Finanzierungsstruktur genannt. Zur Berechnung des Cash Flows gibt es unterschiedlichen Rechenverfahren, auf die hier nicht näher eingegangen wird.

☐ Kennzahlen zur Vermögensstruktur

Bei der Ermittlung der Kennzahlen zur Vermögensstruktur wird die Aktivseite der Bilanz (Mittelverwendung) betrachtet.

$$\text{Anlagenintensität} = \frac{\text{Anlagevermögen}}{\text{Bilanzsumme}} * 100$$

$$\text{Umlaufintensität} = \frac{\text{Umlaufvermögen}}{\text{Bilanzsumme}} * 100$$

$$\text{Forderungsintensität} = \frac{\text{Forderungen aus LuL}}{\text{Bilanzsumme}} * 100$$

Anhand der Kennzahlen zur Vermögensstruktur ist erkennbar, welchen prozentualen Anteil der jeweilige Vermögenswert am Gesamtvermögen hat. So ist zum Beispiel im verarbeitenden Gewerbe die Anlagenintensität - bedingt durch den größeren Bestand an Produktionsanlagen - höher als im Dienstleistungsgewerbe.

☐ Kennzahlen zur Kapitalstruktur

Bei der Ermittlung der Kennzahlen zur Kapitalstruktur wird die Passivseite der Bilanz (Mittelherkunft) betrachtet.

$$\text{Fremdkapitalquote} = \frac{\text{Fremdkapital}}{\text{Bilanzsumme}} * 100$$

$$\text{Eigenkapitalquote} = \frac{\text{Eigenkapital}}{\text{Bilanzsumme}} * 100$$

$$\text{Verschuldungsgrad} = \frac{\text{Fremdkapital}}{\text{Eigenkapital}} * 100$$

Anhand der Kennzahlen zur Kapitalstruktur ist erkennbar, wie sich das Kapitalprozentual zusammensetzt. So ist zum Beispiel eine hohe Fremdkapitalquote ein Indiz dafür, dass das Unternehmen durch Tilgung und Zinsen für Kredite einen Abfluss an liquiden Mitteln verkraften muss.

▢ Kennzahlen zur Finanzierungsstruktur

Bei der Ermittlung der Kennzahlen zur Finanzierungsstruktur werden die Aktivseite und die Passivseite der Bilanz betrachtet.

$$\text{Anlagendeckung I} = \frac{\text{Eigenkapital}}{\text{Anlagevermögen}} * 100$$

$$\text{Anlagendeckung II} = \frac{\text{Eigenkapital+langfristiges Fremdkapital}}{\text{Anlagevermögen}} * 100$$

Anhand der Kennzahlen zur Finanzierungsstruktur ist insbesondere erkennbar, wie stabil die Finanzierung des Anlagevermögens im Unternehmen ist. So sollten gesunde Unternehmen die beiden nachfolgenden Regeln langfristig erfüllen:

- **Goldene Bilanzregel** – Anlagevermögen wird ausschließlich durch Eigenkapital finanziert
- **Goldene Finanzierungsregel** – Dauer der Kapitalverwendung (Investition) muss der Dauer der Finanzierung entsprechen

▢ Kennzahlen zur Liquiditätsstruktur

Bei der Ermittlung der Kennzahlen zur Liquiditätsstruktur werden, wie bei der Finanzierungsstruktur, die Aktivseite und die Passivseite der Bilanz betrachtet.

$$\text{Liquidität 1. Grades} = \frac{\text{Flüssige Mittel}}{\text{Kurzfristige Verbindlichkeiten}} * 100$$

$$\text{Liquidität 2. Grades} = \frac{\text{Flüssige Mittel+Forderungen aus LuL+Aktien}}{\text{Kurzfristige Verbindlichkeiten}} * 100$$

$$\text{Liquidität 3. Grades} = \frac{\text{Umlaufvermögen}}{\text{Kurzfristige Verbindlichkeiten}} * 100$$

Anhand der Kennzahlen zur Liquiditätsstruktur ist erkennbar, ob das Unternehmen in der Lage ist, seine kurzfristigen Verbindlichkeiten mittels Bestandteile des Umlaufvermögens zu bezahlen. Das flüssigste Umlaufvermögen sind die Barbestände in der Kasse und die Guthaben auf Bankkonten.

9.4.4 Kennzahlensystem

Das Kennzahlensystem der Firma DuPont ist eines der ältesten und bekanntesten und hat als entscheidende Größe das Return on Investment (ROI). Mit dem ROI als Rentabilitätskennzahl soll zum Ausdruck gebracht werden, wie viel Rendite ein Unternehmen mit dem investierten Kapital in einer Periode erwirtschaftet hat. Je höher der ROI ist, umso gewinnorientierter ist das Unternehmen.

Investiertes Kapital zu Beginn der Periode

betrieblicher Leistungsprozess während der Periode (mit dem Kapital wird gearbeitet)

Investiertes Kapital nach der Periode

Abbildung 61: Erwirtschaftung einer Rendite

In der Ausgestaltung des ROI wurden die im vorhergehenden Kapitel betrachteten einzelnen Kennzahlen des betrieblichen Leistungsprozesses so miteinander verbunden (daher Kennzahlensystem), dass am Ende nur eine Kennzahl übrig bleibt – das Return on Investment

Zur Berechnung werden vor allem die Kennzahlen "Umsatzrentabilität" und "Kapitalumschlag" benötigt.

☐ Kennzahl: Umsatzrentabilität

Diese Kennzahl stellt den auf den Umsatz bezogenen Gewinnanteil dar:

$$Umsatzrentabilität = \frac{Gewinn}{Umsatzerlöse}$$

☐ Kennzahl: Kapitalumschlag:

Der Kapitalumschlag zeigt auf, wie viele Absatzvorgänge durch das eingesetzte Kapital durchgeführt wurden, d.h. wie oft das Kapital durch die Umsatztätigkeit innerhalb eines bestimmten Zeitraums umgeschlagen wurde.

$$Kapitalumschlag = \frac{Umsatzerlöse}{Gesamtkapital}$$

Je höher der Kapitalumschlag ist, desto weniger Kapital wird benötigt und umso geringer sind beispielhaft die Zinskostenbelastungen.

☐ Berechnung des Return on Investment:

Das Return on Investment errechnet sich aus den beiden vorstehend genannten Kennzahlen.

$$ROI = Umsatzrentabilität * Kapitalumschlag$$

Durch formelmäßiges Wegkürzen des Umsatzes ergibt sich:

$$ROI = \frac{Gewinn}{Gesamtkapital}$$

☐ Struktur des DuPont-Kennzahlensystems

Die weiteren Kennzahlen bzw. Daten aus dem betrieblichen Rechnungswesen, welche das DuPont-Kennzahlensystem strukturieren, sind fast beliebig erweiterbar und dienen zur differenzierten Steuerung. Mit ihrer Hilfe kann die Situation des Unternehmens konkret analysiert und beurteilt werden.

Am Beispiel des Kapitalumschlags soll die Struktur des Kennzahlensystems aufgezeigt werden. Der Umsatzerlös ist aus der Gewinn- und Verlustrechnung direkt ablesbar. Das Gesamtkapital findet sich in der Bilanz wieder und ergibt sich als Summe von Anlagevermögen und Umlaufvermögen oder Eigenkapital und Fremdkapital.

Setzen wir die Betrachtung mit Umlauf- und Anlagevermögen weiter fort, ohne dabei zu weit in die Tiefe zu gehen. Der Wert des gesamten Anlagevermögens wird ebenfalls aus der Bilanz entnommen. Das Umlaufvermögen ist auch anhand der Bilanz zu ermitteln.

Unser kleines - vom Kapitalumschlag abgeleitetes - Kennzahlensystem hat nun folgende Struktur:

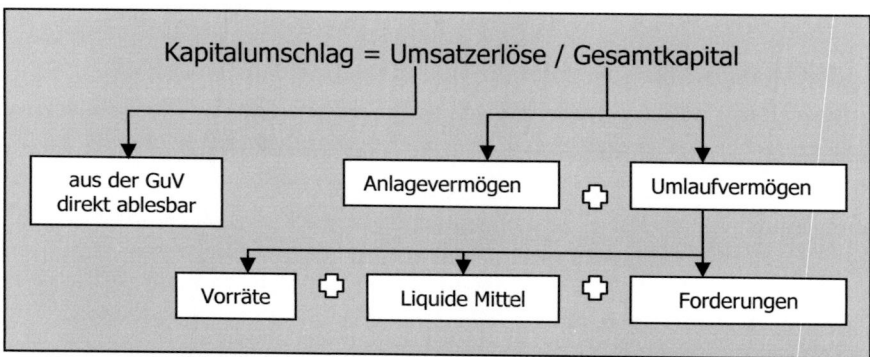

Abbildung 62: Struktur des Kennzahlensystems am Beispiel des Kapitalumschlags

Bezüglich des anderen Elements vom ROI - die Umsatzrentabilität - kann ebenfalls eine Zerlegung des Kennzahlensystems in seine Grundbestandteile bzw. Kennzahlen vorgenommen werden.

9.5 Controlling-Arten

Das dargestellte klassische Finanzcontrolling ist eine Form des Bereichscontrollings, das heißt es beinhaltet die Steuerung, Planung, Kontrolle und Information betreffend bestimmter Unternehmensbereiche.

Weitere Arten des Bereichscontrollings sind beispielsweise das Personal-, das Investitions-, das Produktions- oder das Logistikcontrolling. Im Folgenden soll exemplarisch kurz auf zwei weitere Arten des Controllings näher eingegangen werden.

9.5.1 Umwelt-Controlling

Im Rahmen der Unternehmensführung ist es angesichts der umweltpolitischen Gesamtssituation und der Verantwortung gegenüber der

Gesellschaft sowie Verknappung von Ressourcen immer wichtiger, die betrieblichen Umweltaspekte nicht aus den Augen zu verlieren.

Umwelt-Controlling ermöglicht einerseits die Früherkennung von Planungsfehlern, indem mögliche umweltbezogene Risiken für das Unternehmen nicht nur beim Eintritt festgestellt, sondern bereits im Vorfeld erfasst werden.

Andererseits dient das Umwelt-Controlling der permanenten Überwachung der gesteckten Ziele, indem die durchgeführten Verbesserungsmaßnahmen ständig hinsichtlich ihrer ökologischen sowie ökonomischen Effizienz und Effektivität überprüft werden.

Ein in allen Unternehmensbereichen verankertes Umwelt-Controlling führt zu einer optimalen Kombination von Unternehmenszielen (z.B. Gewinnmaximierung, Kostenreduktion) und Ressourcenschonung bei. Weiterhin leistet es einen Beitrag zur Imagesteigerung, was sich unter anderem in einer steigenden Kundenbindung oder Umsatzerhöhung zeigt.

Kennzahlen des Umwelt-Controllings sind zum Beispiel:

- Wasserverbrauch pro Produktionseinheit oder
- Stromverbrauch pro Dienstleistung

9.5.2 Qualitäts-Controlling

Ein zunehmend wichtiger Teil der Unternehmensführung - nicht nur in erwerbswirtschaftlichen, sondern auch in gemeinwirtschaftlichen Unternehmen - ist das Qualitäts-Controlling als ein wesentliches Element des Qualitätsmanagements.

Mittlerweile hat fast jedes Unternehmen, das im Wettbewerb mit anderen Anbietern steht und langfristig Marktanteile sichern möchte, ein Qualitätsmanagement. In einigen Branchen, wie zum Beispiel dem Gesundheitswesen, wird das Qualitäts-Controlling sogar vom Gesetzgeber vorgeschrieben.

Das Qualitäts-Controlling beeinflusst die Güte der erzeugten Güter und Dienstleistungen unter Beachtung des ökonomischen Prinzips. Es gehört, wie das Umwelt-Controlling, zum Instrumentarium der Früherkennung sowie der permanenten Überwachung und Verbesserung der Leistungserstellung.

Literaturverzeichnis

Baumann, J. (2006): Basisqualifikation für die neuen Dienstleistungs-berufe Veranstaltungskaufleute: Darmstadt: Winklers.

DIHK (Hrsg.): Rahmenplan mit Lernzielen für die IHK Dienstleistungs-fachwirt-Familie

DIHK (Hrsg.): Textband Controlling für Fachwirte, Fachkaufleute

DIHK (Hrsg.): Textband Rechnungswesen für Fachwirte, Fachkaufleute

DIHK (Hrsg.): Textband Unternehmensführung für Fachwirte, Fachkauf-leute

Dincher, R., Ehreiser, H.-J., Müller-Godeffroy, H. (2004): Ein-führung in das betriebliche Rechnungswesen: Buchführung, Jahres-abschluss, Kostenrechnung. Neuhofen/Pf: Forschungsstelle für Betriebsführung und Personalmanagement.

Ehrmann, H. (2006): Kompakt-Training Strategische Planung. Lud-wigshafen am Rhein: Kiehl.

Hönig, M. [u.a. vom Düsseldorfer Ausbilderkreis e.V.] (2005): Grund-wissen: Fachwirte, Fachkaufleute, Betriebswirte. 3, Unternehmens-führung, Organisation, Kostenrechnung, Tipps zur IHK-Prüfung. Troisdorf: Bildungsverlag EINS, Gehlen, Kieser, Stam.

Macha, R. (2006): Deckungsbeitragsrechnung. Planegg: Haufe.

Olfert, K. (2008): Kostenrechnung ; [mit Dozentenservice]. Ludwigsha-fen (Rhein): Kiehl.

Olfert, K., Reichel, C. (2003): Finanzierung. Ludwigshafen (Rhein): Kiehl.

Olfert, K., Steinbuch, P. A. (2003): Organisation. Ludwigshafen (Rhein): Kiehl.

Schiederer, D., Loidl, C. (2001): Grundkurs der Buchführung: Grund-lagen - Aufgaben - Lösungen. Stuttgart: Schäffer-Poeschel.

Vollmuth, H. J. (2005): Bilanzen richtig lesen, besser verstehen, opti-mal gestalten: [Bilanzanalyse und Bilanzkritik für die Praxis : mit Sonderteil IFRS und den aktuellen Steueränderungen]. Planegg / München ; Würzburg [u.a.]: Haufe.

Wöhe, G., Döring, U. (2005): Einführung in die allgemeine Betriebs-wirtschaftslehre. München: Vahlen.

Ziegenbein, K. (2004): Controlling. Ludwigshafen (Rhein): Kiehl.

Abbildungsverzeichnis

✍ Notizen

✍ Notizen

✍ Notizen